建设行业质量安全管理实务丛书

建设行业安全生产管理人员继续教育培训用书

建筑施工企业应急管理
实务指南

刘　新　谭玉林　魏明明　编著

中国建材工业出版社

图书在版编目（CIP）数据

建筑施工企业应急管理实务指南/刘新，谭玉林，
魏明明编著．--北京：中国建材工业出版社，2021.8
（建设行业质量安全管理实务丛书）
建设行业安全生产管理人员继续教育培训用书
ISBN 978-7-5160-3154-4

Ⅰ.①建…　Ⅱ.①刘…②谭…③魏…　Ⅲ.①建筑施
工企业—突发事件—安全管理—指南　Ⅳ.①TU714-62

中国版本图书馆 CIP 数据核字（2021）第 048564 号

建筑施工企业应急管理实务指南
Jianzhu Shigong Qiye Yingji Guanli Shiwu Zhinan
刘　新　谭玉林　魏明明　编著

出版发行：中国建材工业出版社
地　　址：北京市海淀区三里河路 1 号
邮　　编：100044
经　　销：全国各地新华书店
印　　刷：北京鑫正大印刷有限公司
开　　本：787mm×1092mm　1/16
印　　张：13.5
字　　数：340 千字
版　　次：2021 年 8 月第 1 版
印　　次：2021 年 8 月第 1 次
定　　价：60.00 元

本社网址：www.jccbs.com，微信公众号：zgjcgycbs
请选用正版图书，采购、销售盗版图书属违法行为
版权专有，盗版必究，举报有奖。本社法律顾问：北京天驰君泰律师事务所，张杰律师
举报信箱：zhangjie@tiantailaw.com　举报电话：（010）68343948
本书如有印装质量问题，由我社市场营销部负责调换，联系电话：（010）88386906

前　言

建筑行业是我国国民经济中的重要行业。近年来，我国建筑行业保持着持续快速发展的良好势头，在国民经济中的比重不断提高，对整个国民经济发展的推动作用越来越突出。尤其是我国国际都市经济圈、城市群、城市经济带和国家中心城市的不断发展，必将为建筑行业的高质量发展提供更加广阔的舞台。

当前，我国建筑行业已经步入新的发展阶段。在房屋建筑、市政、交通建设、电力建设等关系国计民生的重大基础建设工程领域，工程数量将持续保持高位，规模不断扩大。建筑施工现场人员密集作业流动性大、露天及高处作业多、手工劳动频繁、施工生产工艺及方法多样化、施工环境与施工过程多变等特点决定了建筑施工现场的复杂性、不确定性，增加了事故发生的概率。建筑施工企业作为建筑行业的市场主体，是建筑施工应急管理工作的具体承担者和实施者，在现场应急救援和处置过程中扮演着非常重要的角色。因此，加强建筑施工企业应急管理，增强应对风险和突发事件的能力，具有十分重要的意义。

为了帮助广大建筑施工企业从业人员深入了解应急管理的有关知识，提高应急管理能力，熟悉建筑施工企业应急管理工作的运作，笔者依据《中华人民共和国安全生产法》（2021修订）等国家有关应急法律法规，结合建筑施工企业应急管理工作的实际，编写了《建筑施工企业应急管理实务指南》。

本书共分六章：第一章综述了应急管理的定义、内涵和我国应急管理的发展及建筑施工企业应急管理的重要性、现状、发展趋势；第二章介绍了我国应急管理法律法规体系的基本框架、相关规定；第三章介绍了建筑施工企业应急管理体系，包括体系设计、体系架构、体系主要内容；第四章重点介绍了建筑施工企业应急预案的编制方法、基本框架，给出了相应参考示例；第五章介绍了建筑施工企业应急演练的现状与管理要求、组织实施及常见演练文件的编写要求与示例等内容；第六章介绍了建筑施工企业应急管理档案与台账，提供了常用的应急管理台账格式。

本书从应急管理的概念与内涵、应急管理法律法规、应急管理体系的构建、应急预案编制、应急演练以及如何建立应急管理档案和台账等方面全面、系统介绍了建筑施工企业应急管理的知识，内容切合建筑施工企业的实际，语言平实通俗，具有可操作性、指导性、实用性，是建筑施工企业开展应急管理工作的一本实用工具全书。希望本书能够成为建筑施工企业高层人员、中层人员、技术人员、安全管理人员等关键人员和其他企事业单位应急管理人员及关注建筑施工企业应急管理工作的人员学习参考的良师益友。

本书在编写的过程中，得到了有关专家、学者的指导和帮助，也得到了有关政府部门、企业同仁的大力支持，同时还参考了有关著作和文献资料，在此向相关人员一并表示衷心的感谢。

由于编者水平有限，本书内容难免存在不妥或疏漏之处，敬请广大读者批评、指正。

编　者

目　录

第一章　应急管理综述

第一节　应急管理的定义和内涵

一、应急管理的定义

进入 21 世纪以来，各类突发公共事件和突发灾害频发，而且影响的力度和广度非常之大，严重威胁着整个经济和社会的稳定与发展。应急管理已经成为社会关注的焦点问题，越来越得到社会和政府的高度重视，也将是社会和政府部门面临的一项重大研究课题。"应急管理"属于舶来品，英文"emergency management"是它最早的来源。"应急管理"一词经常见诸报端和其他媒介，但是公开使用"应急管理"这一概念的最早出现在我国核电行业。

应急管理是管理领域中出现的一门新兴学科，它涉及运筹学、管理学、经济学和信息技术等多个知识领域。正是因为应急管理是一门新兴学科，所以，关于应急管理的研究引起了社会各方面的关注。从应急管理研究的整个发展历程来看，许多中外学者和有关政府机构部门曾经采用生命周期理论、组织理论、行为分析、案例研究等多元化的研究手段，尝试从不同的视角出发对应急管理进行较为深入的研究，并提出了自己的观点和看法。

在国外学术界，学者比较有代表性的说法主要有以下几种：

（1）美国学者罗伯特·西斯博士认为，突发公共事件应急管理包含对事件前、事件中、事件后所有方面的管理。

（2）日本学者龙泽正雄则认为，应急管理是发现、确认、分析、评估和处理的过程。

（3）还有的国外学者将应急管理定义为一门应用科学、技术、计划和管理等多方面知识来处理或管理可能造成民众伤亡或财产损失或严重影响到社会的正常生活秩序的突发事件，以减少这些突发事件所造成的冲击的学科。

国内学术界，有的学者将应急管理定义为："在应对突发事件的过程中，为了降低突发事件的危害程度，达到优化决策的目的，基于对突发事件的原因、过程及后果进行分析，有效地集成社会各方面资源，进行有效预警、控制和处理的过程。"

还有的国内学者认为："所谓突发公共事件应急管理（又称应急管理），是指为避免或减少突发公共事件所造成的损害而采取的预测预防、事件识别、紧急反应、应急决策、处置以及应对评估等管理行为……"

一些国外政府机构部门也对应急管理的定义表达出了不同的观点。主要有：

（1）成立于1979年的美国联邦应急管理署是一个专门负责灾害应急的独立机构。它认为，应急管理是面对紧急事件时准备、缓解、反应和恢复的一个动态的过程。

（2）美国联邦紧急事态管理局将应急管理定义为："组织分析、规划、决策和对可用资源的分配以实施对灾难影响的减除、准备、应对和从中恢复。其目标是拯救生命；防止伤亡；保护财产和环境。"

（3）澳大利亚的紧急事态管理署将应急管理定义为："应急管理是处理针对社区和环境危险的一系列措施。它包括建立的预案、机构和安排，将政府、志愿者和私人部门的努力结合到一起，以综合的、协调的方法满足对付全部类型的紧急事态需求，包括预防、应对和恢复。"

……

那么，什么是应急管理呢？到目前为止，仍然没有一个被大家普遍接受或者说一致认同的定义。如果要为应急管理下个完整、确切的定义的话，应急管理是指为了迅速有效地预防、预测和应对事故灾难等突发事件发生，最大限度减少、控制或降低其可能造成的损失和影响，在突发事件的事前预防、事发应对、事中处置和善后恢复过程中，集中各种有效资源，建立必要的应对机制，通过现代技术手段和系统化的管理方法，采取的一系列有计划、有组织的应急策划、处置等方面工作的统称。

二、应急管理的内涵

从应急管理研究的对象和范围上看，应急管理是一门以突发事件为对象，探寻突发事件发生、发展规律并进行系统防范和应对的科学。无论从应急管理的主体、客体，还是从应急管理的过程方面来看，应急管理本身都具有丰富的内涵。

（一）应急管理的主体和客体方面

从应急管理的主体上看，它包括政府、军队、民间组织、企事业单位和个人等，体现了我国政府主导、全社会共同参与的原则。

从应急管理的客体上看，应急管理的对象为突发事件，重点强调应急管理是围绕突发事件而开展的预防（precaution）、准备（prepare）、响应（response）、处置（handling）、恢复（recovery）的管理活动。

关于突发事件种类，可以从不同的维度对其进行划分。《中华人民共和国突发事件应对法》《国家突发公共事件总体应急预案》根据突发事件的发生原因、机理、过程、性质和危害对象的不同，将突发公共事件分为自然灾害、事故灾难、公共卫生事件和社会安全事件。

（1）自然灾害。主要包括水旱灾害（江河堤防决口、洪水泛滥、严重干旱）、气象灾害（暴雨、雷暴、台风、冰雹、龙卷风、沙尘暴）、地震灾害、地质灾害（山体崩塌、滑坡、泥石流、地面塌陷）、海洋灾害（风暴潮、巨浪、海啸）、生物灾害（暴发病，虫、草、鼠害，有害生物暴发流行，转基因生物灾害）和森林草原火灾（严重森林草原火灾、居民点原始森林火灾、境外火场造成重大威胁等）。

（2）事故灾难。主要包括工矿商贸等企业的各类安全事故，交通运输事故，公共设施和设备事故，环境污染和生态破坏事件等。

（3）公共卫生事件。主要包括传染病疫情（肺鼠、肺炭疽或"非典"、人禽流感等）、群体性不明原因疾病、中毒（食堂就餐存在卫生隐患，误食有毒动植物等）和职业危害、动物疫情（口蹄疫、高致病性禽流感、狂犬病、疯牛病等），以及其他严重影响公众健康和生命安全的事件。

（4）社会安全事件。主要包括恐怖袭击事件、经济安全事件和涉外突发事件等。

《中华人民共和国突发事件应对法》按照社会危害程度、影响范围、突发事件性质和可控性等因素，将自然灾害、事故灾难、公共卫生事件等突发事件分为四级：Ⅰ级（特别重大）、Ⅱ级（重大）、Ⅲ级（较大）和Ⅳ级（一般）。

突发事件的分级标准由国务院或者国务院确定的部门制定。

比如，根据事故造成的人员伤亡或者经济损失，《生产安全事故报告和调查处理条例》（国务院令 493 号）将生产安全事故分为以下等级：

（1）特别重大事故，是指造成 30 人以上死亡，或者 100 人以上重伤（包括急性工业中毒，下同），或者 1 亿元以上直接经济损失的事故。

（2）重大事故，是指造成 10 人以上 30 人以下死亡，或者 50 人以上 100 人以下重伤，或者 5000 万元以上 1 亿元以下直接经济损失的事故。

（3）较大事故，是指造成 3 人以上 10 人以下死亡，或者 10 人以上 50 人以下重伤，或者 1000 万元以上 5000 万元以下直接经济损失的事故。

（4）一般事故，是指造成 3 人以下死亡，或者 10 人以下重伤，或者 1000 万元以下直接经济损失的事故。

一般来讲，对于突发事件我国政府有规定的管辖范围。一般突发事件由县级人民政府领导；较大突发事件由地市级人民政府领导；重大突发事件由省级人民政府领导；特别重大的突发事件由国务院统一领导。

这里强调的是，不同于其他三类突发事件，在我国社会安全事件是不分级的。

（二）应急管理过程方面

应急管理的目的是通过及时有效地处理突发事件，保障应急体系正常运转，迅速恢复秩序，将危害尽量降到最低程度。从应急管理的过程上看，应急管理是一项涉及多方面因素的系统工程。应急管理贯穿于事件发生前、发生中、发生后的各个阶段，它不局限于突发事件本身，而是面向所有可能引发突发事件的问题。它强调对突发事件全过程的管理。应急管理也是一个动态过程，它包括应急预防、应急准备、应急响应和应急恢复四个阶段。如图 1-1 所示。

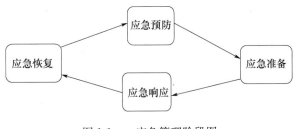

图 1-1　　应急管理阶段图

1. 应急预防

《孙子兵法》云："上兵伐谋，其次伐交，其次伐兵，其下攻城，攻城者，不得已而为之。"对于应急管理而言，也是同样的道理。少发生甚至不发生突发事件是应急管理最理想的境界。做到少发生甚至不发生突发事件，必须首先做到应急预防。通过预先采取低成本、高效率、切实有效的措施加以处置，力争将突发事件消除或控制在萌芽状态，最大程度上降低或减缓事件造成的影响或后果的严重程度。

应急预防是指从应急管理的角度，防止突发事件发生，避免应急行动，或者解释为，在突发事件发生前，为消除事件发生的概率或为减轻事件可能造成的损害所做的各种预防性工作。

应急预防是应急管理过程中的重要环节，是突发事件应对过程的第一阶段，也是处于防患于未然的阶段。应急预防的重点在于事件发生之前要积极主动地进行预防和控制事件发生，而不在于事件发生之后采取被动的、力挽狂澜的应急处置行动。

建筑施工企业应急预防阶段的工作主要包括：识别遵循的应急管理法规要求、开展工程施工现场风险分析、办理灾害保险、制订各种应急管理制度、开展隐患排查、开展应急宣传教育等。应急预防内容见表1-1。

表1-1　应急管理阶段内容

应急管理阶段	应急管理的内容
应急预防	识别遵循的应急管理法规要求；开展工程施工现场风险分析；制订各种应急管理制度；开展应急宣传教育；开展隐患排查；办理灾害保险等
应急准备	应急机构的设立和职责的落实；应急资源的管理；应急队伍的建设和人员培训；应急预案的编制和管理；应急演练；建立应急联动机制等
应急响应	研判事件信息；发布预警；启动应急预案；现场处置；扩大应急等
应急恢复	清理现场；恢复生产；评估损失；保险赔付等

2. 应急准备

古语云："居安思危，思则有备，有备无患""未雨绸缪""安而不忘危，存而不忘亡，治而不忘乱""凡事预则立，不预则废"。人们只有在常态下做好了充分的准备，才能在事件发生后，及时有效地应对，并将损失降到最低。

应急准备是应急管理过程中一个极其关键的过程。应急准备是针对特定的或潜在的突发事件，为迅速、科学、有序地开展应急行动而在突发事件来临前预先进行的思想准备、组织准备和物资准备等各种应急准备工作。应急准备的目的是提高应对突发事件的应急行动能力。

建筑施工企业应急准备阶段的主要工作包括：应急机构的设立和职责的落实、应急资源的管理、应急队伍的建设和人员培训、应急预案的编制和管理、应急演练、建立应急联动机制等。应急准备内容见表1-1。

3. 应急响应

应急响应是指突发事件发生后所采取的一种紧急避险和处置行动。突发事件发生后，必须尽可能地详细掌握突发事件情况，并采取有效应急救援措施，迅速控制事件发展，防止突发事件扩大、升级，力争使突发事件持续时间最短、损害最小，最大限度地降低事件的影响。这里需要指出的是，应急响应的范畴并非专指事后，也包括事前的疏散。在应急响应阶段，务必做到：①最大限度地保障从业人员的生命、健康安全；②最大限度地减轻突发事件所造成的财产、经济损失和影响；③严防次生、衍生灾害的发生。

建筑施工企业应急响应阶段的工作主要包括：研判事件信息、发布预警、启动应急预案、现场处置、扩大应急等。应急响应阶段内容见表1-1。

4. 应急恢复

应急恢复是指突发事件的影响得到初步控制后，为使影响生产和施工区域内的生产、工作、生活和生态环境尽快恢复到正常状态而采取的措施或行动。

建筑施工企业应急恢复阶段的工作主要包括：清理现场、恢复生产、评估损失、保险赔付等。应急恢复内容见表1-1。

从表1-1看，尽管应急预防、应急准备、应急响应、应急恢复每一个管理阶段含有不同的具体内容，但是并没有严格的划分边界。在应急管理实际运作过程中，这4个管理阶段也并不是完全按照突发事件的发生顺序发展的，内容往往是交叉、重叠的。因此，应急管理的4个管理阶段不是孤立的，而是一个相互联系的有机整体，是一个动态的循环改进过程。

从一定意义上讲，应急管理的4个阶段可以看作应对突发事件的四道防护墙。第一道防护墙：应急预防。应急预防的目的在于减少突发事件发生的可能性。第二道防护墙：应急准备。应急准备的目的在于为有效应对可能发生的突发事件，从组织、资源等多方面创造良好的保障条件。第三道防护墙：应急响应。应急响应的目的在于采取适当的行动，最大限度地减少突发事件所导致的损失。第四道防护墙：应急恢复。应急恢复的目的在于尽快地消除突发事件的不良影响，使生产、工作秩序恢复到正常运行状态。

第二节　我国应急管理的发展历程

纵览国内外，应急管理的发展经历了一个从无到有、从单纯应急到应急与管理并重的过程。从国外应急管理的情况来看，美国、日本、澳大利亚和欧盟等国家对应急管理的研究比较早，现在已经形成了比较完整的应急管理体系。较之美国、日本、澳大利亚、欧盟等国，我国应急管理的研究和实践则起步比较晚。严格上讲，我国进入21世纪后才开始围绕"一案三制"（应急预案、应急管理体制、应急管理机制和应急管理法制）建设逐步推进应急管理工作。特别是党的十六大以来，党中央、国务院在深刻总结历史经验、科学分析公共安全形势的基础上，审时度势，作出了全面加强应急管理工作的重大决策部署，极大地促进了我国应急管理工作的发展。梳理一下我国的应急管理发展历程，大体经历了如下三个阶段。

1. 第一个阶段：新中国成立初到2002年

2002年以前，我国在突发灾害应急救援方面总结了较多的经验和教训，也取得了一些重要研究成果，关于灾害理论、减灾对策、灾害保险等方面的一些著作和文章雨后春笋般涌现出来，对当时的我国应急管理研究产生了比较大的影响。这一阶段是我国应急管理的萌芽时期，应对灾害的主体是社会公众，尚没有建立和形成一整套应急管理体系，可以说，现代意义上的应急管理体系建设仍处于空白状态，应急管理体系几乎没有发挥任何作用。这一阶段的应急反应机制是典型的经验性、临时性及"头痛医头、脚痛医脚"。这种应急反应机制是把应急工作的重心放在突发灾害事后的应对行动上，而不是放在应对突发事件的事前预防、监测预警、应急准备、应急响应、应急处置、后期恢复的全过程上。

2. 第二个阶段：2003—2007 年

2003 年是"非典"（即非典型肺炎，以下简称"非典"）爆发年。这一年的"非典"突发公共卫生事件极大推动了我国应急管理理论与实践的快速发展。当时的我国学术界涌现出了《非典危机中的民众脆弱性分析》《突发事件中的公共管理——"非典"之后的反思》等一批研究成果。这些研究成果受"非典"突发公共卫生事件的影响很大。

恰恰这一次"非典"危机也成为了我国全面加强应急管理体系建设的重要起点。2003 年的"非典"之后，党中央总结经验教训，审时度势，作出全面加强应急管理建设的决定，开始建立以"一案三制"为核心的应急管理体系。从此，我国应急管理进入快速发展期。

（1）2003 年：我国全面加强应急管理的起步之年。

4 月 13 日，在全国"非典"防治工作会议上，温家宝总理提出：要沉着应对，措施果断；依靠科学，有效防治；加强合作，完善机制。

4 月 14 日，国务院常务会议提出，建设突发公共卫生事件反应机制，要做到"中央统一指挥，地方分级负责；依法规范管理，保证快速反应；完善检测体系，提高预警能力；改善基础条件，保障持续运行"。

7 月，在全国防治"非典"工作会议上，胡锦涛总书记强调："要大力增强应对风险和突发事件的能力，经常性地做好应对风险和突发事件的思想准备、预案准备、机制准备和工作准备，坚持防患于未然"。

7 月 28 日，在抗击"非典"表彰大会上，党中央、国务院明确提出，政府管理除了常态以外，要高度重视非常态管理。这次会议第一次将非常态管理提上议事日程，在我国应急管理体系建设的历程上，这是第一个重要里程碑。

10 月，党的十六届三中全会通过的《中共中央关于完善社会主义市场经济体制若干问题的决定》强调：要建立健全各种预警和应急机制，提高政府应对突发事件和风险的能力。

（2）2004 年：我国的应急预案编制之年。

3 月 25 日，部分省（市）及大城市制定完善应急预案工作座谈会召开，会议确定，把围绕"一案三制"开展应急管理体系建设，制定突发公共事件应急预案，建立健全突发公共事件的体制、机制和法制，提高政府处置突发公共事件能力，作为当年政府工作的重要内容。

4 月 6 日，国务院办公厅印发了《国务院有关部门和单位制定和修订突发公共事件应急预案框架指南》（国办函〔2004〕39 号）。

5 月 22 日，国务院办公厅以国办函〔2004〕39 号文还印发了《省（区、市）人民政府突发公共事件总体应急预案框架指南》，要求省（区、市）人民政府制定突发公共事件总体应急预案并报国务院备案。

9月，党的十六届四中全会提出，要建立健全社会预警体系，形成统一指挥、功能齐全、反应灵敏、运转高效的应急机制，提高保障公共安全和处置突发事件的能力。要适应我国社会的深刻变化，增强全社会的法律意识和诚信意识，维护社会安定团结。

（3）2005年：全面推进"一案三制"工作之年。

1月26日，国务院常务会议审议并原则通过《国家突发公共事件总体应急预案》。

4月17日，国务院又正式下发了《国家突发公共事件总体应急预案》（国发〔2005〕11号文）。

7月22日，全国应急管理工作会议指出，加强应急管理工作要：健全体制、明确责任；居安思危、预防为主；强化法制、依靠科技；协同应对、快速反应；加强基层、全民参与。会议要求各地成立应急管理机构。这次会议的召开标志着我国应急管理工作进入一个新的历史阶段。

10月，党的十六届五中全会指出，要建立健全社会预警体系和应急救援、社会动员机制，提高处置突发事件能力，维护国家安全和社会稳定，保障人民安居乐业。

截至2005年底，我国的应急预案体系框架基本形成。在我国应急管理体系建设的历程上，这是第二个重要里程碑。

（4）2006年：全面加强应急能力建设之年。

3月，全国十届人大四次会议审议通过了《中华人民共和国国民经济和社会发展第十一个五年规划纲要》，该纲要将公共安全建设列为专节，并将应急管理工作第一次列入国家经济社会发展规划。

4月，国务院出台了《国务院关于全面加强应急管理工作的意见》（国发〔2006〕24号），提出了加强"一案三制"工作的具体措施。

5月，国务院第138次常务会议原则通过了《中华人民共和国突发事件应对法（草案）》。

5月，国务院成立应急管理办公室，履行值守应急、信息汇总和综合协调职责。标志着我国应急管理开始向常态化和专门化转变。

7月7日～8日，全国应急管理工作会议提出，在"十一五"期间，建成覆盖各地区、各行业、各单位的应急预案体系；健全分类管理、分级负责、条块结合、属地为主的应急管理体制；构建统一指挥、反应灵敏、协调有序、运转高效的应急管理机制；完善应急管理法律法规；建设突发公共事件预警预报信息系统和专业化、社会化相结合的应急管理保障体系；形成政府主导、部门协调、军地结合、全社会共同参与的应急管理工作格局。

9月，中央企业应急管理和预案编制工作现场会召开，推动应急管理"进企业"工作。

10月，党的十六届六中全会指出，要建立健全分类管理、分级负责、条块结合、属地为主的应急管理体制。

（5）2007年：基层应急管理工作夯实之年。

5月，全国基层应急管理工作座谈会指出，要建立起"横向到边、纵向到底"的应急预案体系；建立健全基层应急管理组织体系，将应急管理工作纳入干部政绩考核体系；建设"政府统筹协调、群众广泛参与、防范严密到位、处置快捷高效"的基层应急管理工作体制；深入开展科普宣教和应急演练活动；建立专兼结合的基层综合应急队伍；尽快制定完善相关法规政策。

10月，党的十七大指出，要坚持安全发展，强化安全生产管理和监督，有效遏制重特大安全事故；完善突发事件应急管理机制。

11月1日，《中华人民共和国突发事件应对法》颁布施行，标志着我国的应急管理工作在规范化、制度化和法制化的道路上迈出了重大步伐。在我国应急管理体系建设历程上，这是第三个重要里程碑。

这一年，我国的应急管理工作向纵深推进，基层应急管理工作进一步夯实。

3. 第三个阶段：2008年至今

（1）2008年：应急管理的特殊之年。

2008年，对于我国应急管理来说比较特殊。这一年，我国成功地应对了南方雨雪冰冻灾害、"5·12"汶川特大地震灾害，还成功地举办了北京奥运会。这一年，我国既经历了非常严峻的应急管理挑战，又及时总结了应对突发事件的十分重要的应急管理经验。

6月8日，为了做好地震灾后恢复重建工作，国务院以国务院令第526号文颁布了《汶川地震灾后恢复重建条例》。

10月8日，在党中央、国务院召开的全国抗震救灾总结表彰大会上，胡锦涛总书记指出，要进一步加强应急管理能力建设。这次会议又一次让我国的应急管理体系建设站到了新的历史起点上。

（2）2009年：应急管理的巩固提高之年。

2009年10月18日，为了加强我国的应急管理工作，完善我国的应急管理体系建设，国务院办公厅以国办发〔2009〕59号文颁布了《关于加强基层应急队伍建设的意见》。

（3）2010年3月5日，在十一届全国人民代表大会第三次会议政府工作报告里，温家宝总理强调："切实加强甲型H1N1流感等重大传染病防控和慢性病、职业病、地方病防治，提高突发公共卫生事件应急处置能力。健全重大自然灾害、突发公共安全事件应急处理机制。加强防灾减灾能力建设。加强食品药品质量监管，做好安全生产工作，遏制重特大事故发生。"

（4）2012年11月，中国共产党第十八次全国代表大会召开。在十八大期间，我国构建了立体化、全方位的公共安全网络，进一步加强了应急准备和应急能力建设，我国的应急管理工作迈上了一个新的台阶。

（5）2017年10月，中国共产党第十九次全国代表大会胜利召开，标志着中国特色社会主义进入了新时代，中国的应急管理也进入了新时代。

（6）2018年，国家开始进行应急体制改革，这次改革大刀阔斧，在原安全生产监督管理总局的基础上，整合消防、防汛抗旱等职能，组建了应急管理部。应急管理部整合优化应急力量和资源，解决了应急过程中综合性、复杂性、系统性的工作处理。应急管理部的成立是我国应急管理史上的一个重要里程碑，也是我国防范化解重特大安全风险，进一步完善我国公共安全体系的重要举措和宝贵机遇，更加有利于国家治理体系和治理能力现代化建设。

（7）2020 年：应急管理大考之年。

面对突如其来的新冠肺炎疫情爆发，我国在党中央、国务院的高度重视和坚强正确领导下，取得了重大阶段性成效，成功地控制住了国内疫情。相信这次疫情过后，我国的应急管理工作必将迈上新的台阶，进而进入高质量发展阶段。

总之，2008 年以来，我国的应急管理进入高质量发展期，在各方面取得了卓有成效的发展。我国应急管理体系已经建立，应急预案体系逐步完善，应急管理体制机制逐步健全，应急保障能力逐步强化，我国的应急管理事业得到了不断发展和完善。尤其是进入中国特色社会主义新时代后，我国应急管理工作将更加注重风险管理、分级负责、综合减灾，更加注重发挥市场机制和社会力量的作用。

第三节　建筑施工企业应急管理的重要性

建筑施工企业与矿山、危险化学品、烟花爆竹等企业一样属于高危行业，其工程施工特点、工程施工应急特点和严峻的施工安全生产形势决定了建筑施工企业应急管理的重要性。主要表现在以下方面。

一、工程施工的特点决定了建筑施工企业应急管理的重要性

1. 施工生产的流动性、协作性决定了应急管理的复杂性要求

一方面，建筑施工生产流动性大。一是表现为大量一线施工作业人员都是短期劳动雇佣关系，人员流动性大，流动比较频繁。二是施工生产的流动性不仅表现在机械、设备、材料等施工资源在同一施工场地不同部位之间的流动，还表现在许多不同工种的人员在同一建筑场地上交叉作业。另一方面，建筑施工生产协作性高。施工过程中涉及的材料、机械、人员比较多，而且作业工序之间及劳务作业队伍之间的协作关系密切，联系紧密。由此可见，施工生产的流动性、协作性特点使建筑施工不可避免地产生时间和空间的矛盾，极大增加了建筑施工企业应急管理的风险。

2. 施工的多样性决定了应急管理的针对性要求

工程施工包括路基、路面、桥梁、隧道、涵洞、构造物及房屋建筑基础、主体结构、装饰装修等。每个工程有不同的规模、结构，需要选用不同的材料和设备，施工的组织方法、安全控制要求也不同。可以说，没有两个工程的具体施工过程和组织方式是完全相同的，即便对于既定的工程项目，在满足施工组织设计要求和安全规范的前提下，不同的施工经验和技术，以及当时可供使用的施工机械设备的数量和性能、可投入的施工人员数量和素质等方面的情况皆是不同的。工程施工具有施工线长、作业点多、工种复杂及露天作业等多样性的特点。所以，应针对施工多样性的特点，做好各种应急准备，加强应急管理。

3. 工程施工的周期长决定了应急管理的积极性要求

施工的周期一般而言，少则几个月，多则两三年乃至更长时间。施工周期长提高了施工生产的风险系数，在较长时间的施工生产中，难免会出现一些难以遇见、意想不到的情况，影响施工质量安全目标的实现。这就要求建筑施工企业应急工作应进行动态管

理，不断适应变化了的新要求。

4. 施工的外部约束性决定了应急管理的时代性要求

建设工程尤其是公路、市政基础设施工程施工受自然因素及外界干扰的影响大，如施工经常受到地质条件及气候冷暖、洪水、雨雪等自然灾害影响；工程与很多道路沿线的社区（村）居民接触，由于施工等各种原因而经常受到其阻工干扰。这要求建筑施工企业针对施工的外部约束性加强应急管理工作。

5. 施工的作业方式决定了应急管理的紧迫性要求

工程施工是典型的劳动密集型行业，大多数施工作业非标准化，作业的技术含量相对较低，大量的劳动力来自农村，以较低的技术含量和手工劳动居多，造成施工作业人员的素质普遍偏低，从业人员安全风险意识和防范能力较差，施工现场危险因素增多。施工的风险是比较大的，这就需要我们采取各种预防措施，控制风险，正确处理各种可能发生的紧急情况，将损失控制在最低限度。

二、工程施工的应急特点决定了建筑施工企业应急管理的重要性

工程施工应急工作涉及自然灾害（引发）、生产安全、车辆交通、公共卫生、人为突发事件等多个方面，具有不确定性、突发性、复杂性和后果、影响易猝变、激化、放大的特点。这些特点决定了建筑施工企业应急管理的重要性。

1. 不确定性

不确定性是各类事件的重要特征。施工过程中不确定性因素多，突发事件的发生具有不确定性，往往不会遵循事前预设的步骤或轨迹发生。为迅速对施工突发事件作出有效的初始响应，并及时控制住事态，应做好应急预防和应急准备工作，包括通信系统始终保持畅通，明确职责权限，应急救援物资随时处于完好可用状态，制订科学有效、操作性强的应急预案等内容。

2. 突发性

突发性也是各类事件的一大特征。突发事件的发生往往是突如其来的，如果不能及时采取应对措施，就会造成更大的危害。大部分突发事件暴发前基本没有明显征兆，一旦发生，会迅速发展蔓延，甚至失控。因此，应急行动必须在极短的时间内，在事件的第一现场作出有效反应，在产生重大灾难后果之前采取各种有效的防护、救助、疏散和控制事态等措施。

3. 复杂性

施工应急活动的复杂性主要表现在：①事件影响因素与演变规律的不确定性和不可预见的多变性。②组织和管理的复杂性。从涉及部门和人员来看，现场应急活动涉及施工项目各部门和施工技术、管理和施工从业人员等，加上众多来自不同部门参与应急救援活动的单位，在行动协调与指挥等方面的复杂性等。这些复杂因素的影响，给现场应急救援工作带来严峻的挑战。③现场处置的复杂性。一旦工程施工现场发生山体滑坡、地质塌方等重大突发事件，其处置措施往往涉及较强的专业技术支持，对每一处置方案、监控监测以及应急人员防护等都需要在专业人员的支持下进行决策和行动。

4. 后果、影响易猝变、激化和放大

对于施工安全事件（如重大生产安全事故、重大疫情和群体性突发事件等），如果

在应对处置过程中稍有不慎，就有可能让事故、灾害与事件的性质改变，从而使局面由平稳、有序、和平的状态向动态、混乱的状态方面发展，引起事故、灾害与事件事态进一步升级，造成事态影响进一步扩大，引发失控状态，导致出现社会性公众危机，以至于社会公众陷入巨大的恐慌之中。因此，建筑施工重大突发事件的处置必须坚决果断，而且越早越好，从而防止事态扩大。

三、严峻的施工安全生产形势决定了建筑施工企业应急管理的重要性

当前乃至今后更长一段时间进入中国特色社会主义新时代，随着经济全球化的快速发展，各种影响国家安全、公共安全、环境安全与社会秩序的不确定、不稳定因素日益增多，自然灾害、事故灾难、公共卫生事件、社会安全事件发生的频率高、危害的程度大、影响的范围广，"风险社会"的特征越发明显。自然灾害、事故灾难、公共卫生事件（如传染病等重大疫情）和社会安全事件等突发事件的发生将呈上升趋势。①自然灾害频繁发生，逐渐增多，滑坡、洪水、泥石流等自然灾害发生概率较高，季节性强，灾害损失大。②事故灾难仍处于易发期。随着经济的快速发展，城市化进程的加快，建筑业越来越多地引起了人们的重视。由于我国工程建设规模巨大、从业人员多，尤其是长大隧道及瓦斯等不良地质隧道、深基坑、模板支撑体系、大型起重机械等工程建设的高风险性，加上建筑施工企业的建设管理水平和施工技术水平参差不齐、职工安全教育滞后、建筑产品本身特性和施工复杂等原因，导致了工程项目事故发生频率加大，后果更趋严重，事故造成的损害影响越来越大。如2007年湖南省凤凰县"8·13"沱江大桥垮塌事故造成64人遇难；2016年江西丰城发电厂"11·24"冷却塔施工平台坍塌特别重大事故造成73人死亡、2人受伤，直接经济损失达10197.2万元。③我国正处于社会转型期，影响社会稳定的不和谐因素大量存在，各种矛盾、摩擦和冲突错综复杂，大规模公路拆迁等因素引发工程施工中社会矛盾纠纷层出不穷，群体性事件时有发生。④受气候、环境污染等因素的影响，原发性或输入性突发公共卫生事件发生风险增加，不确定性增大，重大疫情和群体性不明原因疾病时有发生。当前严峻的施工安全形势迫切需要加强施工应急管理。

第四节　建筑施工企业应急管理的现状

建筑施工企业应急管理是建筑施工企业安全生产工作的重要组成部分。实践证明，加强应急管理工作，是加强安全生产的重要举措，更是预防和减少施工突发事件的有效手段。近年来，建筑施工企业按照上级要求和部署，针对建筑施工企业实际，建立了应急组织体系，编制了应急预案，积极组织开展应急演练，并积累了一定的应急救援经验，应急管理工作在正确应对处置施工现场突发事件中发挥了巨大作用，有力地提高了施工现场预防和处置突发事件的能力，为工程施工生产提供了和谐稳定的环境。从当前建筑施工企业应急管理工作的实践看，虽然取得较大进展，但总体上看仍存在诸多薄弱环节，与实施有效的应急管理的要求仍然相距较远，必须引起高度重视。主要包括如下方面。

一、应急管理认识有待提高

有些单位领导缺乏忧患意识，存在侥幸心理，对应急管理工作缺乏足够重视，甚至出现"应该把主要精力放在平时安全工作上，不让应急预案起作用"的认识畸形，没有把应急管理工作放在建筑施工企业施工生产的发展大局中统筹考虑，也没有把应急管理作为加强建筑施工企业安全管理的重要组成部分来抓，甚至有些单位还没有把这项工作纳入议事日程。存在"重应急、轻预防"的现象，侧重突发事件事后应对；应急培训与演练相对滞后，难以在事前进行有效防范和控制。

二、应急预案管理有待加强

建筑施工企业应急预案管理仍然是薄弱环节。主要表现在：编制的应急预案不全面，没有针对施工现场存在的潜在影响事件做到预案全覆盖；部分企业的预案不培训、不演练、不修订、不完善的问题还存在；应急预案该评审的没有评审，该备案的没有备案或备案不及时。

三、应急保障能力有待加强

应急保障能力有待加强主要表现在：①应急装备及器材数量投入有待加大。目前，建筑施工企业施工现场应急装备及器材数量不足，维护不及时，专门的储备设施也很少，应急储备方式比较单一。②灾害监测预警和监控系统比较薄弱。③应急救援技术比较滞后，有的抢险手段原始落后。④专业应急队伍很少，几乎没有，大部分是兼职队伍，应急队伍的专业培训和演练也不足，与实战需要存在较大差距。⑤协同作战能力较差，应急协同联动机制不健全，现场处置能力尤其是第一时间的应急处置能力亟待加强。⑥应急资金投入不足，应急物资储备、救援装备未形成制度保证，应急宣传、培训、演练和评估等未形成长效的保障机制。

四、从业人员自救、互救能力有待加强

从实践上看，目前建筑施工企业普遍存在对防范风险、应急知识的普及和宣传教育力度、深度不够，从业人员应对危机的意识不强，缺乏应急常识，自救互救知识和能力欠缺，基本没有自救、互救能力或自救、互救能力较弱，不很清楚突发事件来临的时候应该怎样去自救、逃生。

第五节　建筑施工企业应急管理的发展趋势

目前我国已进入加快基础设施发展的战略机遇期和历史转型期，这是建筑施工突发事件的高发期和多发期。随着基础设施的迅猛发展，尤其是 EPC、BOT、EPC＋BOT、PPP 等投融资建设模式的不断涌现，应急的复杂程度、风险程度和保障难度均不断加大，对建筑施工企业应急管理工作提出了新的要求和挑战，建筑施工应急管理也将逐步发生深刻变革。建筑施工企业必须以提高应急能力为主线，加强应急管理体系建设，适应新的形势和发展要求，达到应急管理工作"无急可应，有急能应"的最终目的。为

此，建筑施工企业应急管理工作的未来发展趋势将向3个方面转变：①由事后处置型向全过程循环型转变；②由单打独斗型向全面协作型转变；③由临时决策型向制度化、常态化转变。这"三个转变"是建筑施工企业应急管理工作在进入中国特色社会主义新时代的背景下的必然表现。

一、事后处置型向全过程循环型转变

传统的应急管理模式是突发事件发生后，调动一切可以调动的应急资源，采取一切手段和措施进行应急救援，最大限度地降低事件造成的损失和影响。这种模式尽管在减少和控制损失方面确实发挥了应急的作用，但是，随着突发事件的多样化、灾难程度和复杂性增大，传统的、被动式的事后处置型应急管理模式已不能满足建筑施工企业应急管理的需要。因此，建筑施工企业必须增强应急管理的主动性和动态性，对施工现场突发事件实行事前预防与监测、事中应急响应和救援以及事后恢复、评估相结合的全过程和连续性的动态管理，将突发事件所造成的损失降至最低程度，甚至将突发事件消灭于萌芽状态。通过由事件单一应急处置向事件应急预防、应急响应和处置、应急恢复全过程循环型转变，从而实现事后处置型向事前预防型、结果导向型和风险导向型转变，把应对突发事件的各项工作落实到日常管理之中，做到预防与应急并重。通过降低事件发生的概率或者避免事件的发生，达到应急管理工作"无急可应"的目的。

二、由单打独斗型向全面协作型转变

目前，建筑施工企业应急管理更多强调的是施工现场的联动主导地位，这种应急管理的优点，就是在处置具有可预期性和可分析性的常规突发事件时，能够实现其高效、准确的目的。随着工程建设模式的不断变化，施工情况的复杂程度更高，面对的突发事件更具有其不确定性、复杂性、多样性、突发性和扩散性，应急管理工作仅仅靠单打独斗已经不能适应当前乃至今后的应急管理需要。建筑施工企业必须建立与周边企业、应急救援专业机构、所在地政府部门等多元主体之间平等交流、协商合作的应急管理的协作机制，打破各种界限，进行跨领域、跨区域、跨部门的良性合作，真正形成新的应急管理工作格局，共同预防和处置企业的突发事件，共同提高应对突发事件危机的能力。通过建立应急管理协作联动机制，加强工程施工周围区域合作与交流，有利于相互借鉴先进做法，共同提升应急管理工作水平，实现应急资源共享，达到应急管理工作"有急能应"的目的。

三、由临时决策型向制度化、常态化转变

建筑施工企业属于高风险行业，现有阶段由于技术、工艺、设备等存在局限性，企业安全生产不可能做到本质安全，因此在一个较长的时期内企业的事故隐患得到彻底杜绝是不可能的。加之社会环境日趋复杂、不稳定因素增加，极端恶劣天气偶发等，对企业的正常施工生产经营带来了很多非传统的不确定性因素，不仅增加了突发事件发生的概率，而且也给企业安全管理以及社会稳定等工作带来了很大困扰。应急的特点决定突发事件是不确定的和非常态的。突发事件的根源在于各种各样的风险，如果应急管理工作不注重对突发事件全过程管理和事件、风险并重的管理，做好应急预防和应急准备工

作，形成制度化、常态化，就不可能从根本上减少突发事件的发生。目前，建筑施工企业应急管理工作在平时往往被边缘化，很多被当作权宜之计的临时性工作来抓，随意性很大，导致很多施工事故发生后，疲于应付，应急处置不力，现场秩序混乱，救援效果大打折扣。如近年来发生的很多施工现场事故，造成了重大损失和影响，都与缺乏将事故防范当作常态化、制度化工作来抓的认识有很大关系。从今后长期的发展趋势来看，应急管理是建筑施工企业安全管理不可或缺的主要工作。因此，建筑施工企业必须加强应急管理制度化、常态化建设，将应急管理工作作为加强安全生产管理的重要举措，常抓不懈，进一步提高应急管理工作能力，有效应对各类突发事件。

第二章　应急管理法律法规

当前，我国正在推进实施依法治国方略。依法治国体现在应急管理领域，就是将应急管理工作纳入到法治的轨道上来。应急管理法律法规是我国法制建设和法律法规体系的重要组成部分，也是建筑施工企业开展应急管理工作的法律依据。建筑施工企业必须了解和掌握所需遵循的与应急有关的应急管理法律法规，运用法治思维，依法依规开展应急管理工作。

第一节　应急管理法律法规概述

现阶段，我国陆续制定和完善的与突发事件应对相关的一系列法律、行政法规、部门规章、有关法规性文件达 200 多件，我国的应急管理法律法规建设取得了长足进步。纵观我国应急管理法律法规的制定和实施情况，我国应急管理法律法规建设经历了一个从无到有、从分散到综合、持续不断完善的过程。这个过程包括 3 个重要时间节点。

1. 第一个重要时间节点：2003 年

2003 年以前，我国应急管理法律体系尚没有形成，应急管理的法律规定或条款多散见于有关法律中，应急管理法律呈现出明显的分散化特点。不过，经过 2003 年抗击"非典"之后，我国的应急管理才真正开始与现代法制接轨。比如 2003 年正式颁布了《突发公共卫生事件应急条例》，该条例的颁布实施，标志着我国突发公共卫生应急处理工作开始进入法制化轨道。2007 年出台的《中华人民共和国突发事件应对法》，标志着我国确立了规范各类突发事件应对的基本法律制度，我国的突发事件应对工作进一步走上了法制化轨道。

2. 第二个重要时间节点：2008 年

从 2008 年抗击南方雨雪冰冻灾害、应对"5·12"汶川特大地震开始，我国则更加重视应急管理法律法规体系的构建，陆续颁布实施了一些与应急管理相关的法律法规、突发事件（国家安全生产事故灾难、自然灾害事件、突发公共卫生事件等）应急预案以及有关国际公约（协定），填补了我国在应急管理方面的空白。地方政府也相继颁布实施了适用于本行政区域的地方性法规、地方政府规章和地方规范性文件，我国应急管理法律法规体系框架得到了有力补充。我国应急管理法律法规体系框架基本建立。

3. 第三个重要时间节点：中国共产党第十八次全国代表大会

中国共产党第十八次全国代表大会以来，我国又不断地补充和完善了与应急管理相关的法律法规，形成了以《中华人民共和国宪法》为依据，以《中华人民共和国突发事件应对法》为核心，以相关单项法律（如《中华人民共和国防洪法》《中华人民共和国消防法》等）为配套，以各方面的法律、法规、规范、细则为支撑的应急管理法律法规体系，应急管理法律法规体系更加完善，我国应急管理工作真正走上规范化、法制化的轨道。

需要特别强调的是，2019 年 2 月 17 日，国务院正式公布《生产安全事故应急条例》，标志着我国安全生产应急管理立法工作取得重大进展，对做好新时代安全生产应急管理工作具有特殊而重大的历史意义。《生产安全事故应急条例》的颁布实施，是对我国生产安全事故应急工作进行的系统规范，切实解决了长期以来生产安全事故应急工作无法可依的问题，为全面提升应急管理工作水平提供了有力的法律支撑。《生产安全事故应急条例》的颁布实施，也为应急管理部门、负有安全生产监督管理职责的部门以及全行业领域的应急管理工作提供了基本的法律支撑和法规遵循，推动我国安全生产应急管理工作真正走上法治化、规范化、制度化轨道，使应急工作可以做到有法可依、有章可循。

应急管理法律法规建设，已经成为我国应急管理法治体系的重要支撑，是我国全面实施依法治国战略的一个重要方面。随着全面推进依法治国战略的深入实施，我国的应急管理工作已经全面步入法治轨道。当然，展望未来，我国应急管理法治体系建设还需要朝更加精细化、更加规范化、更加人性化的方向发展，还需要进一步加以完善。

第二节　应急管理法律法规体系框架

应急管理法律法规体系是指我国全部现行的不同的应急管理法律规范形成的有机的统一整体。我国已建立了一个从中央到地方的突发事件应急法律规范体系。目前，与应急有关的法律法规主要包括法律、行政法规、规章、规定以及标准或管理办法等。可分为 4 个层次：①由立法机关通过的法律；②以政府令形式颁布的政府法令、规定；③由政府部门颁布的规章；④与应急救援活动直接有关的标准或管理办法。

应急管理法律法规体系是一个包含多种法律形式和法律层次的综合性系统。从法律地位和法律效力的层级方面划分，应急管理法律法规体系框架由法律、行政法规、部门规章、地方性法规、地方政府规章和标准 6 个层次组成。

一、应急管理法律

法律是指享有立法权的国家机关依照一定的立法程序制定和颁布的规范性文件。在我国，应急管理法律则是指全国人民代表大会及常务委员会为执行和实施宪法，在法定权限内制定和修订发布的与应急管理有关的规范性文件。如综合性法律《中华人民共和国突发事件应对法》《中华人民共和国安全生产法》；行业法律《中华人民共和国建筑法》《中华人民共和国消防法》《中华人民共和国道路交通安全法》《中华人民共和国职业病防治法》《中华人民共和国特种设备安全法》等。

二、应急管理行政法规

行政法规是指国家行政机关制定的规范性文件的总称。在我国，应急管理行政法规则指国务院为执行和实施宪法、安全法律，在法定职权范围内制定发布的一系列与应急管理有关的规范性文件。如《突发公共卫生事件应急条例》《生产安全事故报告和调查处理条例》《建设工程安全生产管理条例》《特种设备安全监察条例》《生产安全事故应急条例》等。也包括国务院制定的规定、办法、决定等。

三、应急管理部门规章

应急管理部门规章是指国务院各部委和直属机构依照宪法、安全生产法律、安全生产行政法规或国务院授权制定的在全国范围内实施的与应急管理有关的规范性文件。如交通运输部颁发的《公路水运工程安全生产监督管理办法》、原国家安全生产监督管理总局制定的《生产安全事故应急预案管理办法》、住房城乡建设部颁布的《建筑施工企业安全生产许可证管理规定》等。

四、应急管理地方性法规

应急管理地方性法规是指省、自治区、直辖市的人大及常委会等地方国家权力机关依照法定职权和程序制定和颁布的、施行于本行政区域内的一系列与应急管理有关的规范性文件。如《湖北省安全生产条例》《辽宁省突发事件应对条例》《江西省突发事件应对条例》《重庆市突发事件应对条例》等。

五、应急管理地方政府规章

应急管理地方政府规章是指有地方法规制定权的省、自治区、直辖市等地方人民政府依照安全生产法律、行政法规、地方性法规或本级人民代表大会或常务委员会授权制定的在本行政区域的一系列与应急管理有关的规范性文件。如《湖北省生产安全事故应急管理办法》等。

六、应急管理标准

应急管理标准是应急管理法律规范的重要补充。包括国家标准、行业标准、地方标准。如《生产安全事故应急演练基本规范》（AQ/T 9007—2019）、《生产经营单位生产安全事故应急预案编制导则》（GB/T 29639—2020）、《安全生产应急管理人员培训及考核规范》（AQ/T 9008—2012）、《生产经营单位生产安全事故应急预案评估指南》（AQ/T 9011—2019）等。

第三节　应急管理法律法规的相关规定

目前，《中华人民共和国突发事件应对法》《中华人民共和国安全生产法》《中华人民共和国职业病防治法》《中华人民共和国消防法》《中华人民共和国特种设备安全法》《特种设备安全监察条例》《建设工程安全生产管理条例》《生产安全事故报告和调查处理条例》《公路水运工程安全生产监督管理办法》等法律法规，分别从不同方面对应急管理作了相应的规定。

一、《中华人民共和国突发事件应对法》的有关规定

第二十三条规定："矿山、建筑施工单位和易燃易爆物品、危险化学品、放射性物品等危险物品的生产、经营、储运、使用单位，应当制定具体应急预案，并对生产经营场所、有危险物品的建筑物、构筑物及周边环境开展隐患排查，及时采取措施消除隐

患，防止发生突发事件。"

第二十七条规定："国务院有关部门、县级以上地方各级人民政府及其有关部门、有关单位应当为专业应急救援人员购买人身意外伤害保险，配备必要的防护装备和器材，减少应急救援人员的人身风险。"

第五十四条规定："任何单位和个人不得编造、传播有关突发事件事态发展或者应急处置工作的虚假信息。"

第五十六条规定："受到自然灾害危害或者发生事故灾难、公共卫生事件的单位，应当立即组织本单位应急救援队伍和工作人员营救受害人员，疏散、撤离、安置受到威胁的人员，控制危险源，标明危险区域，封锁危险场所，并采取其他防止危害扩大的必要措施，同时向所在地县级人民政府报告；对因本单位的问题引发的或者主体是本单位人员的社会安全事件，有关单位应当按照规定上报情况，并迅速派出负责人赶赴现场开展劝解、疏导工作。突发事件发生地的其他单位应当服从人民政府发布的决定、命令，配合人民政府采取的应急处置措施，做好本单位的应急救援工作，并积极组织人员参加所在地的应急救援和处置工作。"

第六十四条规定："有关单位有下列情形之一的，由所在地履行统一领导职责的人民政府责令停产停业，暂扣或者吊销许可证或者营业执照，并处五万元以上二十万元以下的罚款；构成违反治安管理行为的，由公安机关依法给予处罚：

（一）未按规定采取预防措施，导致发生严重突发事件的；

（二）未及时消除已发现的可能引发突发事件的隐患，导致发生严重突发事件的；

（三）未做好应急设备、设施日常维护、检测工作，导致发生严重突发事件或者突发事件危害扩大的；

（四）突发事件发生后，不及时组织开展应急救援工作，造成严重后果的。

前款规定的行为，其他法律、行政法规规定由人民政府有关部门依法决定处罚的，从其规定。"

第六十六条规定："单位或者个人违反本法规定，不服从所在地人民政府及其有关部门发布的决定、命令或者不配合其依法采取的措施，构成违反治安管理行为的，由公安机关依法给予处罚。"

第六十七条规定："单位或者个人违反本法规定，导致突发事件发生或者危害扩大，给他人人身、财产造成损害的，应当依法承担民事责任。"

二、《中华人民共和国安全生产法》的有关规定

第十八条规定："生产经营单位的主要负责人……组织制定并实施本单位的生产安全事故应急救援预案……"

第二十二条规定："生产经营单位的安全生产管理机构以及安全生产管理人员……组织或者参与本单位应急救援演练……"

第二十五条规定："生产经营单位应当对从业人员进行安全生产教育和培训，保证从业人员具备必要的安全生产知识，熟悉有关的安全生产规章制度和安全操作规程，掌握本岗位的安全操作技能，了解事故应急处理措施，知悉自身在安全生产方面的权利和义务。未经安全生产教育和培训合格的从业人员，不得上岗作业……"

第三十七条规定："生产经营单位对重大危险源应当登记建档，进行定期检测、评估、监控，并制定应急预案，告知从业人员和相关人员在紧急情况下应当采取的应急措施。生产经营单位应当按照国家有关规定将本单位重大危险源及有关安全措施、应急措施报有关地方人民政府安全生产监督管理部门和有关部门备案。"

第七十八条规定："生产经营单位应当制定本单位生产安全事故应急救援预案，与所在地县级以上地方人民政府组织制定的生产安全事故应急救援预案相衔接，并定期组织演练。"

第七十九条规定："危险物品的生产、经营、储存单位以及矿山、金属冶炼、城市轨道交通运营、建筑施工单位应当建立应急救援组织；生产经营规模较小的，可以不建立应急救援组织，但应当指定兼职的应急救援人员。危险物品的生产、经营、储存、运输单位以及矿山、金属冶炼、城市轨道交通运营、建筑施工单位应当配备必要的应急救援器材、设备和物资，并进行经常性维护、保养，保证正常运转。"

第八十二条规定："有关地方人民政府和负有安全生产监督管理职责的部门的负责人接到生产安全事故报告后，应当按照生产安全事故应急救援预案的要求立即赶到事故现场，组织事故抢救。参与事故抢救的部门和单位应当服从统一指挥，加强协同联动，采取有效的应急救援措施，并根据事故救援的需要采取警戒、疏散等措施，防止事故扩大和次生灾害的发生，减少人员伤亡和财产损失。事故抢救过程中应当采取必要措施，避免或者减少对环境造成的危害。任何单位和个人都应当支持、配合事故抢救，并提供一切便利条件。"

第九十四条规定："生产经营单位有下列行为之一的，责令限期改正，可以处五万元以下的罚款；逾期未改正的，责令停产停业整顿，并处五万元以上十万元以下的罚款，对其直接负责的主管人员和其他直接责任人员处一万元以上二万元以下的罚款……（六）未按照规定制定生产安全事故应急救援预案或者未定期组织演练的……"

三、《中华人民共和国职业病防治法》的有关规定

第二十四条规定："产生职业病危害的用人单位，应当在醒目位置设置公告栏，公布有关职业病防治的规章制度、操作规程、职业病危害事故应急救援措施和工作场所职业病危害因素检测结果……"

第七十条规定："违反本法规定，有下列行为之一的，由卫生行政部门给予警告，责令限期改正；逾期不改正的，处十万元以下的罚款：……（三）未按照规定公布有关职业病防治的规章制度、操作规程、职业病危害事故应急救援措施的……"

第七十二条规定："用人单位违反本法规定，有下列行为之一的，由卫生行政部门给予警告，责令限期改正，逾期不改正的，处五万元以上二十万元以下的罚款；情节严重的，责令停止产生职业病危害的作业，或者提请有关人民政府按照国务院规定的权限责令关闭：……（三）对职业病防护设备、应急救援设施和个人使用的职业病防护用品未按照规定进行维护、检修、检测，或者不能保持正常运行、使用状态的……（七）发生或者可能发生急性职业病危害事故时，未立即采取应急救援和控制措施或者未按照规定及时报告的……"

四、《中华人民共和国消防法》的有关规定

第十六条规定："机关、团体、企业、事业等单位应当履行下列消防安全职责：（一）落实消防安全责任制，制定本单位的消防安全制度、消防安全操作规程，制定灭火和应急疏散预案……（六）组织进行有针对性的消防演练……"

第二十八条规定："任何单位、个人不得损坏、挪用或者擅自拆除、停用消防设施、器材，不得埋压、圈占、遮挡消火栓或者占用防火间距，不得占用、堵塞、封闭疏散通道、安全出口、消防车通道。人员密集场所的门窗不得设置影响逃生和灭火救援的障碍物。"

第四十四条规定："任何人发现火灾都应当立即报警。任何单位、个人都应当无偿为报警提供便利，不得阻拦报警。严禁谎报火警……任何单位发生火灾，必须立即组织力量扑救……"

第五十条规定："对因参加扑救火灾或者应急救援受伤、致残或者死亡的人员，按照国家有关规定给予医疗、抚恤。"

五、《中华人民共和国特种设备安全法》的有关规定

第三十四条规定："特种设备使用单位应当建立岗位责任、隐患治理、应急救援等安全管理制度，制定操作规程，保证特种设备安全运行。"

第六十九条规定："……特种设备使用单位应当制定特种设备事故应急专项预案，并定期进行应急演练。"

第七十条规定："特种设备发生事故后，事故发生单位应当按照应急预案采取措施，组织抢救，防止事故扩大，减少人员伤亡和财产损失，保护事故现场和有关证据，并及时向事故发生地县级以上人民政府负责特种设备安全监督管理的部门和有关部门报告……"

第八十三条规定："违反本法规定，特种设备使用单位有下列行为之一的，责令限期改正；逾期未改正的，责令停止使用有关特种设备，处一万元以上十万元以下罚款：……（六）未制定特种设备事故应急专项预案的。"

第九十四条规定："违反本法规定，负责特种设备安全监督管理的部门及其工作人员有下列行为之一的，由上级机关责令改正；对直接负责的主管人员和其他直接责任人员，依法给予处分：……（十二）妨碍事故救援或者事故调查处理的……"

六、《特种设备安全监察条例》的有关规定

第三十一条规定："特种设备使用单位应当制定特种设备的事故应急措施和救援预案。"

第八十三条规定："特种设备使用单位有下列情形之一的，由特种设备安全监督管理部门责令限期改正；逾期未改正的，处2000元以上2万元以下罚款；情节严重的，责令停止使用或者停产停业整顿：……（七）未制定特种设备事故应急专项预案的。"

第八十七条规定："发生特种设备事故，有下列情形之一的，对单位，由特种设备安全监督管理部门处5万元以上20万元以下罚款；对主要负责人，由特种设备安全监

督管理部门处 4000 元以上 2 万元以下罚款；属于国家工作人员的，依法给予处分；触犯刑律的，依照刑法关于重大责任事故罪或者其他罪的规定，依法追究刑事责任：（一）特种设备使用单位的主要负责人在本单位发生特种设备事故时，不立即组织抢救或者在事故调查处理期间擅离职守或者逃匿的……"

七、《建设工程安全生产管理条例》的有关规定

第四十八条规定："施工单位应当制定本单位生产安全事故应急救援预案，建立应急救援组织或者配备应急救援人员，配备必要的应急救援器材、设备，并定期组织演练。"

第四十九条规定："施工单位应当根据建设工程施工的特点、范围，对施工现场易发生重大事故的部位、环节进行监控，制定施工现场生产安全事故应急救援预案。实行施工总承包的，由总承包单位统一组织编制建设工程生产安全事故应急救援预案，工程总承包单位和分包单位按照应急救援预案，各自建立应急救援组织或者配备应急救援人员，配备救援器材、设备，并定期组织演练。"

第五十一条规定："发生生产安全事故后，施工单位应当采取措施防止事故扩大，保护事故现场。需要移动现场物品时，应当做出标记和书面记录，妥善保管有关证物。"

八、《生产安全事故报告和调查处理条例》的有关规定

第十四条规定："事故发生单位负责人接到事故报告后，应当立即启动事故相应应急预案，或者采取有效措施，组织抢救，防止事故扩大，减少人员伤亡和财产损失。"

九、《湖北省安全生产条例》的有关规定

第五十六条规定："生产经营单位应当对本单位从业人员进行应急救援培训，确保其具备本岗位自救互救和应急处置所需的知识和技能。生产经营单位应当制定并及时修订生产安全事故应急救援预案，每年组织演练不少于一次……矿山、金属冶炼、建筑施工、交通运输、危险物品等生产经营单位应当建立应急救援组织，配备救援人员和相应的器材、设备。救援力量不足的，应当与就近的应急救援组织签订应急救援协议。"

十、《公路水运工程安全生产监督管理办法》的有关规定

第三十三条规定："建设单位、施工单位应当针对本工程项目特点制定生产安全事故应急预案，定期组织演练……"

以上相关法律法规对应急工作的要求及实施充分体现了"安全第一、预防为主、综合治理"方针，对加强我国应急管理工作、提高防范突发事件应对处置能力，发挥了重要的作用。

第三章 建筑施工企业应急管理体系

建筑施工企业应急活动涉及企业的各个层次和不同的工程施工领域，施工生产情况比较复杂，覆盖面比较广，突发事件种类比较多，事件突发性比较强，给企业的应急管理工作带来了一定困难。如果仅从应急管理的某个环节或某个方面进行风险预防，始终解决不了根本问题，结果只能是"头痛医头，脚痛医脚"。从目前来看，建筑施工企业解决应急管理问题没有更好的办法和手段，最好的办法和途径就是建立一套科学完善的应急管理体系，以体系来规范应急管理工作，从应急管理系统上预防和降低各类突发事件的风险。

第一节 建筑施工企业应急管理体系的设计

应急管理体系是应急管理的重要组成部分，是一个系统工程，没有固定的模式，也没有统一的模式。建筑施工企业应急管理体系的设计思路是：围绕顶层设计，以突发事件为中心，以基层建设为重点，以风险管理为核心，以系统提高应急处置能力和效率为着力点，梳理分析应急管理工作的各项需求，在应急资源调查摸底、统筹安排和应急能力评估的基础上，建立规范化、标准化的应急管理体系。

基于这个思路，建筑施工企业应在借鉴《职业健康安全管理体系 要求及使用指南》（GB/T 45001—2020）以及其他管理体系的先进理念和先进方法的基础上，从实际工作出发，围绕风险管理，充分运用系统化和体系化等现代管理理念和方法，设计应急管理体系。

建筑施工企业设计的应急管理体系应当包含以下基本要素。应急管理体系要素构成见表 3-1。

表 3-1 应急管理体系要素构成表

一级要素	二级要素内容
应急策划	1. 应急工作方针 建立、实施并保持企业应急工作方针，确定应急管理工作的意图和方向，体现企业在应急管理工作方面的目标（与工作方针一致）。 2. 风险分析 辨识可能造成突发事件的风险，并分析突发事件发生的可能性、潜在的危害后果和影响范围，确定风险程度和等级，提出风险控制措施，编制企业风险评估报告。 3. 应急对象的确定 根据风险分析结果，确定企业可能发生的突发事件类型。 4. 法律法规及其他要求 企业应了解需遵循的应急法律法规及政府和上级部门对应急管理工作的其他要求；建立获取这些应急法律法规的渠道和途径；将应急法律法规和其他要求传达到相关部门和人员。 5. 应急能力评估 企业应对组织预防和应对各类突发事件危机的能力进行系统的评估。评估内容包括：法律法规及其他要求的遵循能力、可利用的内部和外部资源、组织的机构与职责权限、组织现有的管理规定、从业人员的应急能力和应急意识等

续表

一级要素	二级要素内容
应急策划	6. 应急管理工作计划 企业应制订应急管理工作计划（预案管理、培训、投入、应急演练等），应急管理工作计划应确保时间进度有安排，应急工作有人管，应急资源有保障，应急措施有落实
应急实施	1. 机构与职责 企业应建立与组织相适应的应急组织机构，明晰与企业应急管理工作密切相关的职能部门、各管理层次和岗位的应急工作作用、职责和权限。 2. 应急管理制度 为了确保应急管理体系运行，企业应制定与应急管理有关的规定和程序。 3. 应急资源 企业应确保应急工作所需要的应急资源，包括：人力资源、应急物资装备、应急资金、应急技术支撑、外部应急资源的有效应用等。 4. 能力和意识 基于适当的教育、培训和演练等途径，企业应确保各层级管理人员、岗位人员具备执行应急管理工作相应的应急能力和应急意识，掌握突发事件的类型、风险程度以及突发事件的应急响应、行动的有效途径和方法。 5. 沟通与协商 建立沟通与协商的渠道，让员工参与企业应急管理，线上线下交流（如会议、网络、电话等）内部信息并提出意见。与外部相关方建立必要的应急响应联动机制（如联席会议、联合演练等），以充分获取外部相关方的支持和建议。 6. 承包方管理 企业应对承包方的应急管理工作提出要求，施加影响，明确（如合同或协议等）双方的应急管理职责和权限（如应急预案的编制、应急资源的配置、应急措施的落实、应急演练以及教育培训等要求）。 7. 文件、记录控制 企业应对应急管理体系建立、实施和保持过程中形成的文件和记录予以控制。 8. 监测、预警 企业应加强识别、收集、分析和传递突发事件监测信息的管理。明确监测的信息类型、监测方法、信息收集和传递的途径等，根据监测结果以及征兆，采取预警措施。 9. 应急预案管理 企业应针对所确定的突发事件类型编制应急预案，根据管理要求对应急预案进行评审、发布、修订、备案。 10. 应急响应与应急处置 获取突发事件信息并传递至相关应急机构及人员，及时启动应急预案，并采取应急响应和救援措施，必要时启动扩大应急行动。 11. 应急恢复 突发事件发生以及受突发事件影响的场所和区域的施工生产、生活秩序恢复正常
检查与纠正	1. 监督检查 企业应对组织应急管理体系的运行过程和结果进行监督，并开展日常检查。检查的内容包括：计划的实施情况、制度的落实情况、从业人员的应急能力和意识情况、法律法规及其他要求的遵循情况以及突发事件的监测预警手段、应急响应程序、应急处置措施和效果等。 2. 不符合现象和改进措施 及时纠正监督检查过程中发现的不符合现象，分析不符合现象产生的原因，针对其原因制订、实施改进措施，预防类似不符合现象再次发生
改进	全面评审应急管理体系的适用性、充分性、有效性及其运行情况，确定重大改进措施，持续完善组织应急管理体系

以上应急管理体系要素体现了"PDCA"的管理理念，即策划、实施、检查、改进4个方面，重点强调预防为主、持续改进及动态管理。策划方面包括风险分析、应急对象的确定、应急能力评估、法律法规及其要求、应急管理工作计划。实施方面包括应急准备（包括机构与职责、应急管理制度、应急预案、应急资源、能力和意识、承包方、沟通和协商、文件和记录等）和监测、预警以及应急响应、处置、恢复。检查包括监督检查、不符合现象和改进措施。改进包括评审。

PDCA 管理模式如图 3-1 所示。

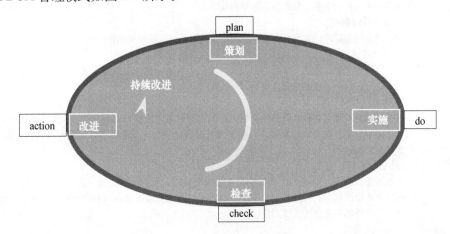

图 3-1　PDCA 管理模式

需要强调的是，每个要素在应急管理体系中承担着不同的功能，虽然应急管理体系的要素相对独立，但是各要素又环环相扣，要素之间具有非常强的内在关联，对整个应急管理体系的运作起到有效的支持。尽管体系中没有提及预防的内容，但从业者在策划、实施、检查和改进方面日常所做的任何工作都是为了预防。体系的各个要素所涉及的内容和工作都是预防工作的组成部分，预防贯穿应急管理工作的始终。

应急管理体系的复杂程度以及所投入的资源，取决于建筑施工企业自身多方面因素。鉴于建筑施工企业的规模、性质、类型等有所不同，这里提出的应急管理体系只是规范企业应急管理的通用要求，也是建立和完善应急管理体系的基本要求，不能作为企业应急管理体系设计的唯一要求，当然也不可能提出具体的应急管理绩效指标以及实施方法。

第二节　建筑施工企业应急管理体系的架构

应急管理体系一般是指为了降低突发事件的危害，应对突发事件所实施的组织、人力、财力、物力等各种要素及其相互关系的总和。换言之，应急管理体系是通过整合组织机构、应急资源、应急行动等各种应急要素而形成的一体化、系统化工作体系。结合本章第一节阐述的应急管理体系设计内容，在应急管理实际运作过程中，一个完整的建筑施工企业应急管理体系架构主要由应急组织体系、应急预案体系、应急制度体系、应急保障体系、应急运行机制 5 个部分构成。

建筑施工企业应急管理体系架构，如图 3-2 所示。

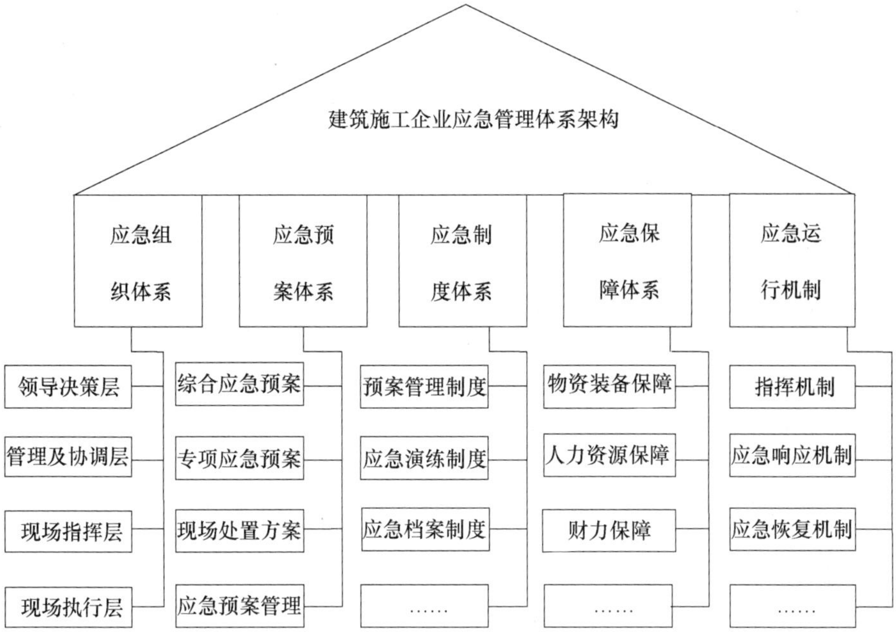

图 3-2 应急管理体系架构

从建筑施工企业应急管理体系的构成来看，总体可分为应急保障能力和应急处置能力两个部分。应急保障能力主要指事件发生前所做的保障工作，包括应急组织体系、应急预案体系、应急制度体系、应急保障体系。而应急处置能力主要指事件发生后对事件的及时响应和处理能力，包括预警、应急指挥、响应、恢复和应急联动协调的运行机制。

建筑施工企业的应急组织体系、应急预案体系、应急制度体系、应急运行机制、应急保障体系属性特征、功能定位及其相互关系如下：

（1）应急组织体系是应急管理体系建立的基础，它属于企业宏观决策层。应急组织体系以权力为核心，以组织架构为主要内容，解决的是建筑施工企业应急管理的组织机构、职责权限划分和上下、内外的隶属关系问题。

（2）应急预案体系是应急管理体系建立的前提，它属于企业微观执行层。它以操作为核心，以应急演练为主要内容，解决的是建筑施工企业如何通过实际模拟演练来提高应急管理实战水平，化应急管理为常规管理的问题。

（3）应急制度体系是应急管理体系建立的法制保障，它属于企业规范层次。它以程序（标准、规定）为核心，以法律保障和制度规范为主要内容，解决的是建筑施工企业应急管理的依据和规范问题。

（4）应急运行机制是应急管理体系建立的关键，它属于企业中间层次的战术决策。以运行为核心，以应急流程为主要内容，解决的是建筑施工企业应急管理的动力和活力问题。

（5）应急保障体系是应急管理体系的重要支撑，它属于企业支撑层次。以应急物资、信息技术、应急技术平台等各项保障为主体，解决的是建筑施工企业应急管理工作的保障问题。

第三节 建筑施工企业应急管理体系的主要内容

一、应急组织体系

应急组织体系是建筑施工企业应急管理体系的基础，是建筑施工企业开展应急管理工作的基本前提，在建筑施工企业的应急管理工作中发挥着不可或缺的重要作用。应急组织体系是一个由横向机构和纵向机构相结合的复杂系统，解决的是应急管理的组织架构、职责分工的问题。应急组织体系的规模、人员结构、专业技能等，应根据不同企业的实际情况和特点确定。一般来讲，建筑施工企业应急组织体系主要包括：领导决策层、管理及协调层、现场指挥层、现场执行层及专家组等不同层次。领导决策层、管理及协调层、现场指挥层、现场执行层及专家组各有侧重，互为补充，共为一体。

应急组织体系框架如图 3-3 所示。

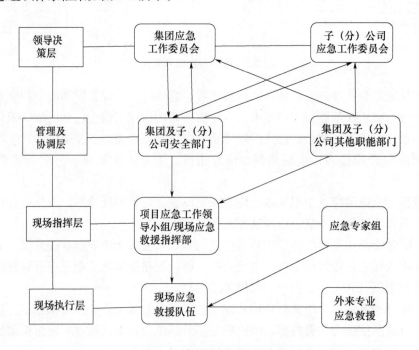

图 3-3 应急组织体系框架

1. 领导决策层

领导决策层是建筑施工企业依法设置或明确的安全生产应急工作领导机构——应急工作委员会。应急工作委员会是建筑施工企业处置突发事件的领导决策机构。建筑施工企业集团应急工作委员会是建筑施工企业突发事件应急管理工作的最高领导机构，建筑施工企业子（分）公司应急工作委员会是本单位管辖区域突发事件应急管理工作的领导机构，负责突发事件的应急管理工作。

2. 管理及协调层

管理层是建筑施工企业依法设置或指定的应急管理工作办事机构。这个办事机构是维持企业应急日常管理的负责部门，履行值守应急、信息汇总和综合协调职责，发挥运转枢纽作用。大型企业、集团公司总部及其下属分公司、子公司要设置应急管理领导机构和办事机构，配备专职或兼职人员开展应急管理工作，中型企业、集团公司下属生产经营单位也要明确企业应急管理办事机构，配备兼职人员开展应急管理工作。协调层是指建筑施工企业与应急活动有关的职能部门，如工程技术、人力资源、设备物资、党群等部门，依据各自职责，参与相关类别突发事件的应急管理工作。

3. 现场指挥层

现场指挥层是施工现场设置的应急工作领导小组及参与指挥的专家组。在应急状态下，应急工作领导小组即刻转变为现场应急救援指挥部，负责现场应急救援活动场外与场内指挥，保证应急救援工作的顺利完成。专家组是指建筑施工企业根据实际需要聘请有关专家组成的企业应急工作专家组，为企业应急管理提供决策建议，必要时参加突发事件的应急处置工作。专家组已成为应急救援的重要补充力量。

4. 现场执行层

现场执行层是建筑施工企业按照专业救援和职工参与相结合、险时救援和平时防范相结合的原则，建立由本单位职工组成的专职或者兼职应急救援队伍。应急救援队伍是建筑施工企业应急体系的重要组成部分，是防范和应对突发事件的重要力量。在事件发生时，能够在第一时间迅速、有效地投入救援与处置工作，防止事件进一步扩大，最大限度地减少人员伤亡和财产损失。现场执行层也包括参与现场救援的外来专业应急救援队伍。

建筑施工企业组织体系框架包括多种层次，从纵向看，组织自上而下，实行垂直领导，是下级服从上级的关系；从横向看，同级组织有关部门，形成互相配合，协调应对，是共同服务于应急指挥中枢的关系。

建筑施工企业应建立和完善应急组织体系，强化组织协调与沟通，进一步理顺关系，明确各职能部门和组织机构在应急管理中的具体职责，形成企业统一领导、分级负责、部门联动、现场指挥、协调有序、运转高效，群团组织协助配合、全员参与的应急工作格局。通过建立健全应急组织体系为突发事件应对工作提供强有力的组织保证。

二、应急预案体系

应急预案体系是应急管理体系的重要组成部分，是应急管理工作的主线。应急预案体系是指针对突然发生，造成或者可能造成严重危害或重大影响，需要采取应急处置措施以应对自然灾害、事故灾难、卫生事件和社会安全事件的各级应急预案整体系统。建筑施工企业应根据本单位组织管理体系、生产规模、危险源的性质以及可能发生的事件类型确定应急预案体系，应急预案体系应做到横向到边、纵向到底、覆盖各层次、相互衔接。

（一）应急预案体系构成

1. 从组织结构上看

从企业的组织结构上看，应急预案分为集团公司应急预案、子（分）公司应急预案、工程项目部应急预案三级。也就是说，从集团到各子（分）公司、各项目部都要制订应急预案，不能断层。预案体系层次如图 3-4 所示。

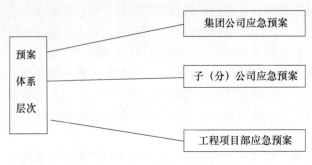

图 3-4　预案体系层次

集团公司应急预案总体是一种宏观管理，以场外应急指挥为主的综合性预案。子（分）公司应急预案同集团公司应急预案大体相似。工程项目部应急预案是整个建筑施工企业预案体系中的核心部分，是一种现场预案，以场内应急指挥为主，它强调具体的应急救援对象和应急活动的实践性。

2. 从突发事件类型上看

突发事件类型可分为两种情形的应急（事件临界状态应急和事件过程应急），应急预案分为事件临界状态应急预案和事件过程应急预案。

（1）事件临界状态应急预案。这是一种具有提前预防功能的应急，是降低风险或隐患转化为事件的概率或降低事件损失的严重程度的防范性应急。如建筑施工过程中发生的通信线路（电力）破坏、石油（天然气）管道中断以及自然灾害如洪水、泥石流、山体滑坡等。建筑施工企业可以根据事件临界状态编制相应的应急预案。其基本任务是：

①消除存在的隐患或损害的风险（危险）状态；

②防止事态扩大或发展，避免或降低对施工生产的影响；

③避免衍生、次生等二次灾害发生。

（2）事件过程应急预案。即针对事件发生过程的应急，以降低事件损失严重程度为目的。建筑施工企业可以根据事件过程编制相应的应急预案。其基本任务是：

①抢救现场受伤人员，保护人员生命健康和安全；

②控制现场危险源（危险有害因素），防止发生二次伤害；

③指导救援等相关人员做好个人防护，组织相关从业人员撤离现场；

④做好现场清理，清除危害后果，恢复施工生产秩序；

⑤查清事件原因，评估危害程度。

3. 从功能和目标上看

从预案的功能和目标上看，应急预案包括综合应急预案、专项应急预案、现场处置方案。所有种类的突发事件都纳入应急预案体系，既要制订突发事件综合应急预案，所有种类的突发事件更要制订专项预案。建筑施工企业根据战略发展和实际需要，及时调整或增加必要的专项应急预案。这样分类可以保持预案清晰的层次性和开放性，它们的层次关系如图 3-5 所示。

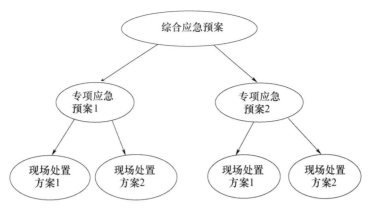

图 3-5　应急预案构成

（1）综合应急预案。综合应急预案是总体、全面的预案，是应对各类突发事件（事故）的规范性文件，是建筑施工企业应急预案体系的纲领性文件或总纲。通过综合应急预案可以很清晰地了解应急体系及文件体系，应急救援的预防、准备、响应、恢复的过程的关联。

（2）专项应急预案。专项应急预案是建筑施工企业为应对某种具体的特定类型或某几种类型的紧急情况，或者针对重要生产设施、重大危险源、重大活动等内容而定制的应急预案。专项应急预案在综合应急预案的基础上，充分考虑了某特定危险的特点，对应急工作的阐述更加具体、更加有针对性。

（3）现场处置方案。现场处置方案是在专项应急预案的基础上，以现场设施或活动为具体目标而制订的。它是详细分析某一具体现场的特殊风险及周边环境情况的基础上，对应急救援的各个方面作出的具体而细致的安排，是现场作业人员实施应急工作的基本依据，内容具体、实用，针对性和可操作性强，是专项应急预案的支持性文件。但不涉及准备及恢复活动。

建筑施工企业应按照横向到边、纵向到底、上下对应、内外衔接、科学有效的原则，根据行业特点和本单位可能发生的事件和所有危险源，分门别类制订，建立和完善综合应急预案、专项应急预案、现场处置方案的应急预案体系。建筑施工企业还应当在编制应急预案的基础上，针对工作场所、岗位的特点，编制简明、实用、有效的应急处置卡。通过构建和完善应急预案体系，确保专项应急预案、现场处置方案与综合应急预案有机结合，保障预案体系结构的合理性，各级预案规范统一、相互衔接，实现对突发事件的全方位应对。

（二）应急预案管理

应急预案管理是对应急预案工作的各个环节进行规范管理，是应急管理工作的重要组成部分，是开展应急救援工作的一项基础性工作。应急预案管理的内容包括：编制、评审与发布、备案、培训、演练、评估、修订与更新。

1. 编制

建筑施工企业要针对本企业的风险隐患特点，以编制事故灾难应急预案为重点，并根据实际需要编制其他方面的应急预案。关于应急预案编制的内容、格式和要求在本书第四章作了非常详细的介绍，这里不作赘述。

2. 评审与发布

预案的评审是保证预案质量的关键。应急预案编制完成后，建筑施工企业应在广泛征求意见的基础上，对应急预案进行评审。评审程序如下。

（1）评审准备。成立应急预案评审工作组，落实参加评审的单位或人员，将应急预案及有关资料在评审前送达参加评审的单位或人员。

（2）组织评审。评审工作应由企业主要负责人或主管安全生产工作的负责人主持，参加应急预案评审人员应包括外部有关安全生产及应急管理方面的专家和人员。应急预案评审工作组讨论并提出会议评审意见。

（3）修订完善。企业应认真分析研究评审意见，按照评审意见对应急预案进行修订和完善。评审意见要求重新组织评审的，应组织有关部门对应急预案重新进行评审。

（4）批准印发。应急预案经评审或论证，符合要求的，由企业主要负责人签发。

应急预案评审应从以下 7 个方面进行。

（1）合法性。符合有关法律、法规、规章和标准，以及有关部门和上级单位规范性文件要求。

（2）完整性。应急预案要素要齐全完整。

（3）针对性。紧密结合本单位危险源辨识与风险分析。

（4）实用性。切合本单位工作实际，与生产安全事故应急处置能力相适应。

（5）科学性。组织体系、信息报送和处置方案等内容科学合理。

（6）操作性。应急响应程序和保障措施等内容切实可行。

（7）衔接性。应急预案与主管部门等相关部门或单位应急预案相互衔接。

应急预案评审的形式不一，可以采取多种形式。生产经营规模小、人员少的单位，可以采取演练的方式对应急预案进行论证，必要时应邀请相关主管部门或安全管理人员参加。但无论采用什么形式，应当注重应急预案的实用性、基本要素的完整性、预防措施的针对性、组织体系的科学性、应急程序和应急措施的针对性、应急保障措施的可行性、应急预案的衔接性等内容。目的是确保应急预案的科学性、合理性以及与实际符合性。

3. 备案

建筑施工企业应急预案应当在应急预案公布之日起 20 个工作日内，按照分级属地原则，向县级以上人民政府应急管理部门和其他负有安全生产监督管理职责的部门进行备案，并依法向社会公布。如果应急预案适时进行了修订，应按照有关应急预案报备程序重新备案。报送备案时应提交相关材料，并按照政府文件规定进行报备。

4. 培训

应急预案培训是提高应急管理人员、应急救援人员和其他从业人员应对施工现场突发事件整体能力的重要措施和有效途径。应当将应急预案培训纳入建筑施工企业安全生产培训工作计划。预案编制完成后不能将其束之高阁，否则，预案便会变成一堆废纸。只有加强预案的培训，才能使所有与突发事件有关的人员掌握危险源的危险性，了解应急预案的应急组织、应急工作程序等内容，熟悉应急职责、应急程序和岗位应急处置措施，具备完成指定任务所需的相应技能，提高在不同情况下实施救援和协同处置的能力和应急处置效率。应急培训的时间、地点、内容、师资、参加人员和考核结果等情况应当如实记入本单位的安全生产教育和培训档案。

5. 演练

应急演练是应急预案管理中必不可少的组成部分，也是应急管理体系中最重要的活动之一。建筑施工企业要从实际出发，有计划地组织开展预案演练工作，并进行总结评估，查漏补缺，切实达到提升预案实效、普及应急知识、完善应急准备的目的。关于应急演练的内容、要求和方法等内容在本书第五章作了十分详尽的叙述，在此也不作赘述。

6. 评估

建筑施工企业应当建立应急预案定期评估制度，对预案内容的针对性和实用性进行分析，并对应急预案是否需要修订作出结论。应急预案评估可以邀请相关专业机构或者有关专家、有实际应急救援工作经验的人员参加，必要时可以委托安全生产技术服务机构实施。建筑施工企业应当每三年进行一次应急预案评估。

7. 修订与更新

应急预案中包含的信息不可能一成不变。由于国家有关法律、法规、标准以及企业作业条件、设备状况、人员、技术、外部环境等处于不断变化中，因此，建筑施工企业应根据变化情况定期或根据实际需要对预案及时进行更新和修订，在实践中不断完善预案。

有下列情形之一的，建筑施工企业应急预案应当及时修订：

（1）依据的法律、法规、规章、标准及上位预案中的有关规定发生重大变化的。

（2）应急指挥机构及其职责发生调整的。

（3）安全生产面临的风险发生重大变化的。

（4）重要应急资源发生重大变化的。

（5）在应急演练和应急救援中发现需要修订预案的重大问题的。

（6）企业认为应当修订的其他情况。

三、应急制度体系

"不以规矩，不能成方圆。"制度是应急管理体系建设与完善的保证，应急管理制度可以为各项应急管理活动的展开提供依据，保障企业应急运行机制正常运行。因此，加强应急管理制度建设，对提升企业安全生产应急管理水平具有重要意义。

企业应急制度是企业根据有关法律、法规、规章，结合自身情况和安全生产特点，为了更好地开展应急管理工作而制定的关于应急管理工作的规范和要求，包括预案在内的以企业发布令形式颁布的规定。它是将国家应急管理法律法规、标准规范和有关文件要求在企业内部的延伸和转化，是企业应急管理工作规范、有效开展的重要保障，也是开展应急管理工作最直接的制度依据。广义上讲，应急管理法律法规也属于企业应急制度范畴。

建筑施工企业应急制度主要包括：应急预案管理（如制订、评审、评估、修订和备案等）制度、应急值守制度、应急工作会议制度、应急工作检查制度、应急信息报送制度、应急处置制度、应急演练管理制度、应急队伍管理制度、应急物资保障制度、应急工作宣传教育制度、应急档案管理等制度。

应急制度是建筑施工企业应急管理体系的法制保障，也是建筑施工企业应急管理的法制基础和保障。建筑施工企业应遵循"突出主体责任"的原则，按照"谁的业务谁负责，谁的属地谁负责，谁的岗位谁负责"的安全管理理念，建立完善应急制度。通过建立、健全应急管理各项工作制度，明确应急工作指导思想、应急原则，明晰职责，明确工作内容和程序，确立应急运行机制，制定具体的落实办法和相应的配套措施，确保应急管理各项工作有章可循、有标准对照，逐步走上常态化、规范化、制度化轨道。

四、应急保障体系

"兵马未动，粮草先行。"行军打仗，再好的战略战术，如果没有充足的给养和良好的后勤保障，部队战斗力将大大被削弱，最终可能导致战役惨败。应急管理也一样，好比行军打仗。作为一种实践活动，必然要投入一定的资源，用来保证应急工作的顺利进行。如果应急保障不到位，应急救援能力将大大受到制约。应急管理过程中应急保障重要性可见一斑。因此，应急救援工作的快速有效开展，必须依赖于充分的应急保障。

应急保障是保证突发事件的应急预防、应急准备、应急响应、应急恢复顺利进行的物质支撑条件，应当满足应对突发事件的全面的、全过程的物质条件支撑能力。建筑施工企业要整合现有应急管理过程中所使用的各类突发事件应急资源，建立分工明确、责任落实、常备不懈的保障体系，保障应急救援需要。从宏观方面看，应急保障体系包括满足应急工作需要的人力、财力和物力。从微观方面来说，建筑施工企业应急保障体系主要包括物资与装备保障、人力资源保障、教育培训保障、财力保障、技术支持保障。

（一）物资与装备保障

配备必要的应急救援装备、物资，是开展应急救援不可或缺的保障，既可以保障救援人员的人身安全，又可以保障救援工作的顺利进行。建筑施工企业要根据生产规模、经营活动性质、安全生产风险等客观条件，以满足应急救援工作的实际需要为原则，重点加强防护用品、救援装备、救援器材等应急物资储备和应急装备的建设，有针对性、有选择地配备相应数量、种类的应急救援装备、物资，做到数量充足、品种齐全、质量可靠。有条件的建筑施工企业，可以根据应急救援工作需要，配备与应急救援密切相关，机械化、自动化、信息化程度高的技术装备，提高应急救援能力和效率，提升应急救援科技支撑保障能力。

1. 应急物资、装备分类

建筑施工企业应急物资、装备涉及的内容最为广泛，种类较多，功能不一，一般可按适用性、功能性、使用状态进行分类。按照现场应急处置的需要和物资、装备用途划分，常见的应急物资、装备分为防护救助类、应急交通类、动力照明类、通信类、设备类、器材工具类、工程材料类、其他类8大类别，具体如下。

（1）防护救助类。一类是为避免减少人员伤亡以及次生危害的发生，用于事故发生时的防护物资。包括人身防护和其他防护物资，如防止传染性疾病用的口罩、体温计（测温计）等；发生事故通用的安全帽（头盔）、安全带、防毒面具、防护手套等；另一类是用于事故发生后的紧急救助，如临时救护担架、创口贴、止血胶带、骨折固定托架（板）、绷带、止血药、消毒药、无菌敷料、棉纱布、棉棒、碘酒、酒精，及各种常用小夹板、止血袋、氧气袋和常用的救护药品，以及水上事故发生后用的救生圈、救生衣、救生艇（筏）、救生缆索、木料等。

（2）应急交通类。包括用于人员物资运输的越野车或其他车辆。

（3）动力照明类。包括燃油发电机、配电箱（开关）、干电池、应急电源。

（4）通信类。包括移动电话、对讲机、扩音器（喇叭）。

（5）设备类。包括用于疏通的推土机、挖掘机、装载机、压路机、平地机、自卸汽车、吊车等；用于通风的通风机、强力风扇、鼓风机；用于排水的潜水泵、高压水泵、污水泵等。

（6）器材工具类。包括起重用的卷扬机、电动葫芦、索具、撬棍、滚杠、千斤顶；破碎用的手锤、电锯、断线钳、多功能钳、液压剪；灭火用的灭火器以及发光（反光）标记；照明设备用的应急灯、手电筒、充电手提灯、发光棒具等。

（7）工程材料类。包括防洪用的麻袋、土工布、铁丝、绳索、钉子、铁锹、水管件、塑料布、编织袋等。

（8）其他类。包括保安和进出管制设备方面，控制交通及疏散时的执法、进出管制设施，如路障、水码、锥桶等。

2. 应急物资、装备储备管理

建筑施工企业对应急物资、装备实行储备管理，目的是让企业的应急人员了解哪里有这些物资和装备，通过什么样的快捷方式能在需要时迅速得到，这对于救援出现紧急情况时是非常重要的。

（1）应急物资储备管理。通常情况下，建筑施工企业应建立专门的储存仓库，用于存储一定种类和数量的应急物资。应急物资储备的地点和位置一般情况下选在施工现场，便于管理和满足应急之需。应急物资储备的主要内容包括：①采购。应急物资通常通过采购进行储备，当然，采购的应急物资应确保质量。②应急物资储存。应急物资储存应分类存放，加强管理，做好入库、保管、出库等方面的管理工作。③应急物资补充与维护。对应急物资及时进行调整、更新、补充、保养、维修等，保证应急物资性能良好、安全可靠。

（2）应急装备储备管理。应急装备储备管理是开展应急救援尤其是坍塌等救援必不可少的条件。建筑施工企业按照应急条件配备应急装备，界定和明确管理、使用、维护和更新的责任和人员，尤其要明确应急救援需要使用的应急装备的类型、数量、性能、存放位置、管理责任人及其联系方式。平时加强应急救援装备的检查，做好装备的维修保养，保证应急装备处于良好的使用状态。应急装备储备管理的目的在于，确保在突发事件发生时，不但能够保证有足够的应急装备资源，而且能够保证应急装备的迅速、准确、有序使用，保证应急装备得到最大化使用，发挥应急装备的应急价值，最大程度满足应急活动的需要。

（二）人力资源保障

应急人力资源保障的目的是确保紧急情况下可动员的人员保障，应急能力和水平达到要求。建筑施工企业人力资源保障主要包括核心应急人员和辅助应急人员。核心应急人员主要指开展应急预防、准备、响应和改进工作的人员，他们是经过相应的培训教育，并能在应急反应中起到相应作用的人员，包括项目部最高管理层、项目相关部门人员以及经过应急专业培训的指挥人员、医疗救护人员、抢险人员、指挥疏散人员等现场处置人员。辅助应急人员主要指接受过应急基本常识教育参与应急救援的其他人员。在我国，公安消防、医疗卫生、地震救援、矿山救护、抗洪抢险等专业应急救援队伍是处置突发公共事件的专业骨干力量；社会团体、企事业单位以及志愿者是社会力量；中国人民解放军和中国人民武装警察部队是处置突发公共事件的突击力量。上述社会力量也应纳入企业人力资源保障范畴。建筑施工企业也应按照专业救援和施工人员参与相结合、险时救援和平时防范相结合的原则，建立以专业的应急救援队伍或兼职队伍为骨干、职工（施工）队伍为基础的企业应急救援队伍，确保在事故发生时，能够在第一时间迅速、有效地投入救援与处置工作，防止事故进一步扩大，最大限度地减少人员伤亡和财产损失。企业应急救援队伍是现场先期快速处置突发事件的主要力量。

（三）教育培训保障

应急教育培训是应急预防工作的重要内容，更是做好应急管理工作、提高应急反应能力和响应处置能力的手段。建筑施工企业必须高度重视应急教育工作培训，制订教育培训计划，加强应急教育培训，创新教育培训工作思路，拓宽教育培训渠道，扎实搞好应急教育培训工作，努力在企业施工生产领域范围内尤其是施工现场营造起"关注应急、参与应急"的良好氛围，推动应急工作的顺利开展。

1. 应急教育培训的对象及内容

应急教育培训强调的是全员参与，应根据教育培训对象的不同有针对性地进行教育培训，这样才能取得更好的效果。

（1）现场作业人员。突发事件一旦发生，处在第一时间、第一现场的现场作业人员，能否保持良好的心理状态，掌握应对不同种类突发事件的应急知识和自救、互救的技能，直接关系到能否最大限度地减少人员伤亡和损失。实践证明，如果在事前对广大从业人员进行教育培训，增强他们在第一时间进行互救和自救的能力，将大大降低生命和财产损失。

因此，施工现场作业人员的教育培训应把各类应急知识和自救互救、避险逃生技能的宣传教育放在突出位置，宣传工程施工事故预防、避险、自救、互救、减灾等方面的应急知识。通过开展宣传教育，普及突发事件应急知识，增强人员的安全意识、忧患意识、社会责任意识，提高应对突发事件的心理能力；确保其具备本岗位安全操作、自救互救以及应急处置所需的知识和技能，提高现场第一时间处理突发应急情况的处置能力；当突发事件发生时，能够第一时间开展自救互救、避险逃生，形成全员动员、预防为主、共同防灾减灾的良好局面。

（2）应急管理人员。应急管理人员是指处于企业组织架构体系领导决策层、管理及协调层和现场指挥层的人员。应急管理人员的教育培训重点应放在应急法律规范、应急应对要点和防范上。通过教育培训，应急管理人员能适应工作需要，能够承担企业日常的应急管理工作，熟悉有关应急法律规范和上级有关应急管理规定和要求，明确突发事件应对要点、应急程序、应急措施，清楚出了什么突发事件，应该怎么处置，应该向哪里报告，并在企业发生事件时具有相应的应急响应和处置能力。

（3）应急救援人员。应急救援人员是指处于企业组织架构体系现场执行层的应急救援队伍，是开展施工现场应急救援的主要力量和中坚力量，是企业突发事件应急管理的第一道防线，是应急处置的首要响应者。应急救援人员教育培训的重点，应放在应急预案的培训、应急救援的处置和应急救护上。通过教育培训，加强现场应急救护知识培训，提高施工现场应急救援效率和第一时间应急响应、协调处置的应急处置能力，避免或降低灾害损失。

2. 应急教育培训的形式

开展应急教育培训，可以根据建筑施工企业的特点，因地制宜进行。通常采取的教育培训形式主要有如下几点。

（1）广告式。主要包括横幅、标语、宣传画、宣传栏、标志、宣传橱窗、制作展板等形式。将企业特定场所、生产工艺、设备设施、重点岗位的应急预案做成漫画和海报等形式，通过预案上墙，对员工进行宣传教育。

（2）会议式。主要针对应急管理人员和应急救援人员的桌面应急演练会、应急预案培训会以及日常召开的座谈会等有关应急管理方面的会议等形式。

（3）出版式。主要指编制的有关应急管理方面的简报、应急知识手册等，向从业人员宣传应急工作的相关法律法规，介绍预防、避险、自救、互救、减灾等常识。

（4）声像式。运用现代技术手段进行应急教育，主要包括播放应急救援录像、应急教育光盘等。将现场处置方案的应急处置流程和处置措施采用动画进行模拟，并做成flash文件，借助电子显示屏等多媒体手段进行播放。

（5）主题教育式。主要指现场组织开展的应急管理知识竞赛、图片等活动。

（6）演练式。适时组织应对突发事件的演练，让尽可能多的从业人员参加、参与或观看应急演练，提高从业人员参与应急管理的能力和自救能力。

（7）媒介式。利用广播、网络、短信、微信视频会议等公众平台，有针对性地开展应急宣传教育活动，及时发出预警信息，提高防范意识，保障自身安全。

3. 应急教育培训应注意的问题

（1）应急人员的针对性。工程施工的从业人员包括管理人员、技术人员、施工作业人员。由于人员的知识背景、文化程度和接受能力有很大的差异，加上在应急管理中的职能和救援任务也不同，因此，开展应急教育培训时应按需施教。在应急教育培训的过程中，应针对不同的从业者应对突发事件的不同需要出发，有区别、有针对性地授之所需的知识和技能，做到"缺什么补什么，需要什么学什么"。只有这样，才能确保当发生突发事件时，应急救援的效果不会打折扣，达到预期的目的。

（2）应急教育培训内容的实用性。开展应急教育培训的最终目的，就是确保在应急管理过程中发挥应有的作用。在应急教育培训内容上要注重实用性，即应急教育培训内容应贴近实际，贴近演练所需，切忌空洞无物。

（3）应急教育培训形式的灵活性。目前工程施工现场应急教育培训形式比较单调乏味，缺少趣味性，缺乏反馈渠道，仅仅是信息的单向传递，互动性较差，不能够提起广大公众对应急避险知识的兴趣，无法给人们留下深刻的印象。因此，应灵活开展应急教育培训活动。如在应急教育培训的形式上，可以通过互联网或动漫、图画的形式来传递应急知识，提高应急知识普及率。

（四）财力保障

财力保障是指用来保障应急管理运行和应急反应中各项活动的开支。可分为安全保障资金以及建筑工程一切险、工伤保险、意外伤害保险所产生的受益资金，用于日常应急管理（如隐患排查整改、危险源监控、应急预案演练、应急知识培训和宣传教育等），应急资源的购置、租赁、储备、维护、更新，应急救援过程使用以及应急的善后处理等资金。企业应急投入必须满足日常应急管理工作需要，且必须保障紧急情况下特别是事故处置和救援过程中的应急投入，确保投入到位。按规定程序列入安全经费，专款专用。

（五）技术支持保障

有条件的企业要加强应急管理的信息化建设，建立应急管理信息平台，配备必要的设备，逐步实现与有关部门数据信息的互联互通。与应急技术支撑能力强的有关科研院所开展信息监测技术、指挥系统等方面的合作研究，为应急管理体系持续运转和完善以及突发事件的应急处置提供有力的技术支持。

建筑施工企业应通过建立和完善应急保障体系，确保企业应急保障充分，应急资源配置布局合理，反应迅速，装备先进，救援能力满足处置各类突发事件的要求。

五、应急运行机制

应急管理体系本身是一个集成性很高的综合系统，只有集成企业内外部各种组织、机构、部门的力量，目标一致，协同作战，方能保持整个应急管理体系的高效运转。当然，这需要一定的应急运行机制来保障。建筑施工企业应建立和完善上下贯通、多方联动、协调有序、运转高效的应急运行机制，推动应急管理工作长期稳步发展。应急运行机制应以应急响应的全过程为主线，侧重突发事件防范、处置和善后处理的整个过程，涵盖事前、事中和事后各个阶段，包括报警接警、应急响应、应急处置、善后恢复等多个环节，形成一整套包括事前、事中、事后的应急运行流程。应急运行机制不因机构或负责人或相关人员的变动而随意变动，它以运转顺畅为重点，着重解决应急处置的程序和流程问题。

建筑施工企业应急运行机制主要由事前、事中、事后运行机制构成，具体包括联动机制、预警机制、指挥机制、响应机制、恢复机制以及评估机制6个部分，并如下所述。

（一）事前运行机制

1. 联动机制

由于突发事件无法确定什么时间发生，造成的损失多大，影响范围多广，因此，它具有时间的突然性和危害的不确定性特点。所以，建筑施工企业仅仅靠组织内部范围内的应急响应和应急救援还远远不够，必须建立有效的联动机制，借助外部救援力量，发挥组织内外协调配合作用，提升协调作战处置能力，形成应对各类突发事件危机的合力，确保高效、有序地开展应急救援工作。

建筑施工企业建立并发挥好联动机制，必须做好如下工作：

（1）开展应急工作交流。施工现场应不定期开展与工地参建单位以及地方政府其他部门之间的工作交流。可以邀请相邻施工标段、工地附近村镇、企事业单位、有关专业救援队伍及政府有关单位进行应急管理方面的交流座谈，听取有关单位、机构、部门、村镇提出的意见和建议，交流信息，以便相互借鉴先进经验；可以邀请有关应急专家、技术专家，对现场应急队伍（兼职）进行培训，提高现场应急救援人员的专业救援能力和水平。

（2）组织联合应急演练。定期加强与政府有关部门、卫生、消防、交通、医疗机构等部门、单位、机构的沟通联系，深化与政府有关部门、卫生、消防、交通、医疗机构等部门、单位、机构和外部专业应急救援队伍的合作，适时组织联合应急演练，共同搞好协调内外配合，提高合成应对、协同应急作战的能力。

（3）签订互助救援协议。建筑施工现场发生突发事件尤其是严重突发事件时，施工现场有关的应急救援力量和应急保障资源总体相对比较薄弱，难以满足应急救援的需要。施工现场应事先加强与邻近的村镇、厂矿企业、标段、有关外部专业应急救援队伍等单位的日常联系，建立有效的沟通渠道，通过签订互助救援协议或签订服务保障协议，建立正式的互助关系，并做好相应的安排，以便在应急救援中及时得到外部救援力量和资源的援助，提升现场应急处置能力和效率。

2. 预警机制

预警是减少突发事件损失的有效措施，做好应急救援工作，必须建立预警机制：①建立信息管理机制。突发事件信息的管理是应急响应和应急处置的源头工作。建筑施工企业应当明确信息报送的渠道和具体要求，以现代信息技术为支撑，加强信息发布和舆论引导，保持信息畅通，及时了解动态，有效控制源头，协调企业各部门、各单位的工作。②建立风险评估机制。建筑施工企业应组织分析本单位安全隐患和薄弱环节，开展安全风险评估，掌握各类安全风险和事故隐患，对重要风险因素和重大施工作业场所实施视频监控，落实预防措施。通过加强信息管理，开展信息跟踪研判和分析评估，采取传统手段与现代科技手段相结合的预防措施，做到早发现、早报告、早处置，牢牢把握应对突发事件的主动权，切实提高第一时间的处置能力。

（二）事中运行机制

1. 指挥机制

做好突发事件应对处置工作，必须执行应急指挥机构统一指挥。统一指挥是应急指挥的最基本原则。应急指挥一般可分为集中指挥与现场指挥、场外指挥与场内指挥等多种形式。但是无论采用何种指挥形式或无论涉及建筑施工企业的上、下层级还是行政隶属关系如何，应急救援活动都必须在应急指挥机构的统一组织协调下行动，确保号令统一、步调一致。为此，建筑施工企业应整合突发事件应急组织和指挥网络，明晰集团、子（分）公司、工程项目部、应急救援力量的应急指挥职责权限，尽可能避免应急指挥职责交叉现象，并建立统一、科学、高效的指挥工作机制，从而提高应急反应速度和能力。

2. 响应机制

应急响应的主要任务就是及时、有效地进行救援，减少人员伤亡和财产损失。包括3个方面：①控制危险源。及时控制造成事件的危险状况，迅速控制事态，防止事件影响范围继续扩大蔓延，避免造成二次伤害。②测定事件的危害区域、危害性质及危害程度，组织救护受害人员，疏散人员迅速撤离出危险区或可能受到危害的区域。③组织应急救援力量救援，最大限度减少事件造成的损失。

（1）应急响应的原则。

①坚持自救与外来救援相结合的原则。应急救援坚持现场自救、现场应急、现场指挥为主。在做好自救的基础上，如若超出了自身救援的能力，可以请求外来救援，减轻

应急救援的难度，减少突发事件造成的危害。在应急响应中要做到既发挥自救的主力作用，又发挥第三方专业救助的作用，将两者完美地结合起来。

②坚持迅速、准确和有效原则。突发事件往往具有发生突然、迅速的特点，因此，应急救援行动强调"第一反应"，必须做到迅速、准确和有效。

迅速，就是要求建立快速的应急响应机制，能迅速准确地传递事件信息，迅速地调集所需的应急力量和设备、物资等资源，迅速地开展救援活动。具体要求是：①组织领导要迅速到位。企业相关负责同志立即赶赴事件现场，履行应急处置职责，组织开展应急处置与救援工作。②救援队伍要迅速到位。迅速调集应急救援队伍赶赴现场投入抢险救援，确保现场救援力量充足。③专家指导要迅速到位。迅速调集企业有关专家，参与制订救援方案，努力做到决策科学、施救有效，严防次生灾害和次生事件的发生。④物资装备要迅速到位。统筹协调企业内部各单位、各部门，积极调配各类应急救援需要的物资、装备，全力做好应急保障。⑤现场管控要迅速到位。根据救援需要划定警戒区域，加强事件现场管控，维护现场秩序，确保应急救援通道畅通，确保救援工作高效有序。⑥信息发布要迅速到位。及时发布应急处置与救援工作信息，回应社会关切，正确引导社会舆论，为应急处置与救援提供良好舆论环境。

准确，就是要求能够基于突发事件的规模、类型、性质、特点、现场环境条件等基本信息，正确预估突发事件的发展趋势，准确地决策应急救援行动。

有效，主要指应急救援行动的有效性，很大程度上它取决于应急准备的充分性与否，包括应急队伍的建设、应急装备物资的配备与维护、应急预案的制定与落实以及有效的外部增援等。

（2）应急响应程序。突发事件发生后，应急响应一般要按照以下程序进行：

①信息报告。突发事件发生后，事发现场必须第一时间报告情况，立即将所发生的事件情况按有关规定、程序上报。突发事件报告应包括时间、地点、人员、性质、起因、动态、影响等情况和相关应急措施内容，并根据事态发展和处置情况续报。

②启动预案。上一级接到发生重大突发事件报告后，第一时间启动应急预案，第一时间赶赴现场，组织、协调和指挥应急处置工作。

③先期处置。在上一级应急救援人员到来之前，事发现场在做好报告的同时，要第一时间采取措施，迅速组织力量开展疏散、抢险、救护等应急工作，迅速控制危险源，标明危险区域，封锁危险场所，划定警戒区，采取防止发生次生、衍生事件的必要措施，进行现场保护，维持好秩序，控制事态发展，积极做好先期处置，力争将人员伤亡和财产损失降到最低程度。

④扩大应急。视现场应急处置情况，超出自身救援能力时，请求上级单位和当地政府消防、卫生、公安、互助机构、外部救援队伍等第三方救援。

⑤应急结束。突发事件得到有效控制，危害已经消除，宣布应急结束。

（3）应急响应过程中应注意的问题。

①应急救援人员的安全问题。应急救援前必须对参与救援的人员自身安全问题进行周密考虑，包括安全预防措施、个体防护等。进入现场救援的人员应做好安全措施，在确保救援人员安全的前提下开展救援工作，不得盲目救援，以避免产生救援人员的伤害。

②工程救援中的问题。救援时要将救人放在第一位，通过疏散、救治等手段最大程度减少人员伤亡，伤害发生后应注意保护好现场，除参与救援的人员外，无关人员不得进入现场，以有利于现场应急救援。在有外来救助的情况下，现场救援人员要积极与消防、卫生等单位搞好协调配合，提高救援的效率。

③现场医疗急救中的问题。救援人员必须了解和掌握一定的现场应急救援知识和基本的现场急救方法，对受伤人员采取及时有效的现场急救，为外来医疗救助创造有利的条件，争取抢救时间。伤情不严重时，将伤者直接送往医院救护；发现伤情严重时，待120急救中心车辆到来，送往指定医院进行救护。

建筑施工企业要建立快速有效的应急响应机制，按照突发事件性质、严重程度、可控性和影响范围等因素，在初级响应到扩大应急的过程中实施分级响应，迅速处置，最大程度地减少危害和影响。响应机制的关键是要根据警情判断，初步确定相应的响应级别，分级启动应急响应程序，明确应急响应启动条件和影响范围，什么时候启动集团、子（分）公司、工程项目部的响应程序，什么时候扩大应急都要明确。

（三）事后运行机制

1. 恢复机制

突发事件应急救援完成后，建筑施工企业应建立应急恢复机制，明确应急恢复的主要工作和要求，提高应急处置效能。

（1）应急恢复内容。

①现场恢复。救援行动完成后，针对事件造成的现实危害和可能危害，迅速采取封闭、隔离等措施，进行现场清理、人员清点和撤离、警戒解除，恢复生产、生活、工作秩序，将现场恢复至相对稳定的状态。

②损失评估。这是应急恢复工作的一个功能和内容。突发事件应急处置工作结束后，应当立即组织对突发事件造成的损失（包括直接损失和间接损失）进行评估，对损失状况作一个估算，为下一步的保险理赔提供依据。

③理赔善后。事件发生后要首先向保险机构报警，然后根据灾害损失评估情况，整理好相关资料，按正常的保险理赔程序和手续提出申请和办理保险理赔事宜。依据国家有关规定做好补偿、抚慰、抚恤等善后工作，妥善解决因处置突发事件引发的矛盾和纠纷。

（2）应急恢复应注意的问题。

①保留证据。在现场清理和恢复的过程中要注意保留反映现场抢救的情况和损坏情况等真实情况的现场证据，以便作为今后事件调查处理的原始凭证，这对事件处理发挥十分重要的作用。比如影像资料，尤其是现场物件和材料需移动时必须留有影像资料。

②事件总结。事后对突发事件进行总结，主要集中点在于如何发生和为何发生等方面。目的是弄清事件原因，找出工作环节和管理中需要改进的地方，避免事件再次发生。

2. 评估机制

建筑施工企业应建立突发事件应急结束后的评估机制，通过评估机制，发现应急预案编制和应急能力方面的问题，以便改进应急工作。

（1）应急预案评估。事件应急结束后，要认真结合事件救援的情况，对应急预案进行自查，看预案的哪些环节和地方需要进一步修改完善，使预案更符合实际情况。重点是：应急预案内容是否具有科学性和可操作性；应急组织体系的组织是否合理；各机构的职责定位是否合理、明确；各机构间的协调机制是否完善；应急程序的设置是否科学；应急预案所规定的各种准备工作是否到位等。

（2）应急能力评估。事件应急结束后，应对应急能力进行评估，主要包括应急人力配置、应急设备设施的配置能力是否满足应急需要等。

建筑施工企业要结合实际，通过进一步健全应急组织体系、应急预案体系、应急制度体系、应急保障体系、应急运行机制，并通过实施和保持应急管理体系，切实提高企业应对各种突发事件的综合能力，及时有效地处理现场突发事件，保障应急体系的正常运转，迅速恢复秩序，将现场突发事件带来的危害尽量降到最低程度，应对各类突发事件的挑战。

第四章　建筑施工企业应急预案编制

编制应急预案是应急准备工作的核心内容，是应急管理工作的基础性工作。实践证明，它已经成为建筑施工企业抵御事件风险、有效处置突发事件、降低事件危害后果的重要手段。因此，做好建筑施工企业应急预案的编制工作至关重要。

第一节　应急预案简述

一、应急预案的概念

应急预案又称应急救援预案，也称应急救援计划，是针对可能发生的各种突发事件，为最大限度地减少人员伤亡和降低经济损失，组织迅速、有序、高效的应急处置行动而预先制订的救援计划。换而言之，应急预案是在识别潜在的重大风险，评估存在的事件类型、事件发生的可能性、事件后果和事件影响程度的基础上，为应急准备和应急响应的各个方面所预先作出的具体安排。应急预案是应对突发事件、开展有效应急救援的行动指南。

二、应急预案的作用

"凡事预则立，不预则废。"发生突发事件，特别是在发生重特大突发事件时，有没有应急预案，应急预案能不能迅速启动响应，救援效果是截然不同的。应急预案在应急救援过程中发挥着重要作用，主要体现在以下3个方面：

（1）应急预案明确了参与应急救援行动的应急各方和人员的职责与权限、角色与分工，保证应急救援行动能够顺利、快速、高效、有条不紊地进行。倘若没有编制应急预案，那么在应急救援过程中就极有可能发生应急各方和人员的角色冲突，贻误应急救援的良机。

（2）应急预案明确了在突发事件发生之前、发生过程中以及应急结束之后，谁来做，做什么，什么时候做，如何做以及采取什么样的应急策略和相应的应急资源准备等内容。实际上，应急预案是标准化的应急反应程序，有助于突发事件应急响应与处置步骤与措施的"格式化"，有助于按照计划和最有效的步骤实施应急救援行动，有助于指导应急救援的迅速、高效、有序开展，提高应对突发事件的处置效率。

（3）应急预案明确了具体的应急处置措施，有助于指导日常的应急准备和应急演练工作。即便遇到事先无法预知或不可抗力的突发事件，也可以为各类组织应对处置突发应急事件起到基本的应急指导作用。

对于应急预案的作用，读者应辩证地去看待，切忌过分夸大其作用，既不能将应急预案等同于应急管理，也不能期望应急预案能够毕其功于一役，更不能将应急预案视为包治百病的灵丹妙药。

三、应急预案的内容与格式

（一）应急预案的内容

应急预案是应急管理的一种文本体现，是开展应急救援工作的指导性文件。它的内容不仅包括事件发生过程中的应急响应和救援措施，还应包括事件发生前的各种应急策划、应急准备和事件发生后的紧急恢复、预案的管理与更新等。通常一份完整的应急预案应包括：应急策划、应急准备、应急响应与处置、应急恢复、预案管理5个一级要素。根据要素包含的功能和任务，每一个一级要素下面又包括多个二级要素。具体如图4-1所示。

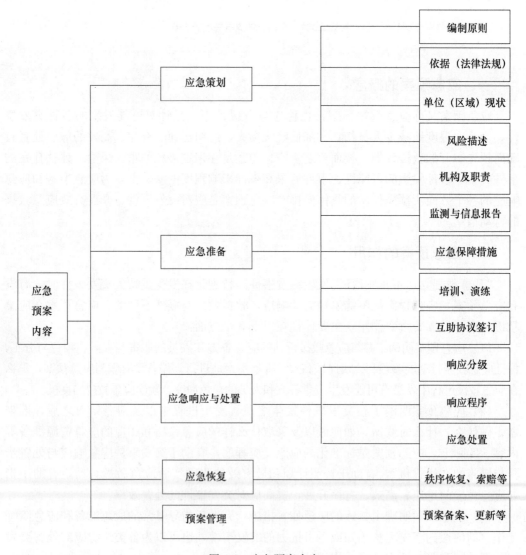

图 4-1　应急预案内容

（1）应急策划。应急策划是应急预案编制的基础。在进行应急策划时，必须明确预案编制的原则、单位（区域）现状（应急对象范围和可用的应急资源情况），在全面系统地认识和评价所针对的潜在事件类型的基础上，识别出重要的潜在事件及其性质、区域、分布及事故后果。在进行应急策划时，还应当了解和掌握国家、地方相关的法律法规，作为制订预案和应急工作授权的依据。因此，应急策划包括编制原则、依据（法律法规）、单位（区域）现状、风险描述4个二级要素。它为应急准备工作的针对性和充分性提供了信息和依据。

（2）应急准备。应急准备是基于应急策划的结果，主要针对可能发生的应急事件，应做好的各项准备工作。应急准备的目的在于成功应对现场处置，在应急救援中充分发挥保障作用。因此，应急准备包括应急机构及职责、监测与信息报告、应急保障措施（应急队伍的建设、应急物资的准备等）、培训和演练、互助协议签订5个二级要素。应急响应和处置的效果如何，关键取决于应急准备工作做得充分与否，应急准备为应急响应和处置行动的实施创造了良好的条件。

（3）应急响应与处置。应急响应与处置是应急预案的核心部分，它是应急救援的整体反应策略、应急程序和具体行动。应急预案应明确应急救援过程中的核心功能和任务。这些核心功能既具有一定的独立性，又相互联系，统一构成应急响应与处置的有机整体，共同完成应急救援工作的实施。应急响应与处置的核心功能和任务包括：应急响应分级、应急响应程序（包括接警与通知，指挥与控制，事态监测与评估，警戒与治安，人群疏散救护，抢险处置，扩大应急等）等。当然，根据建筑施工企业风险性质的不同，核心应急功能和任务也可以有一些差异。

（4）应急恢复。这一阶段主要是对事件发生后期的处理。比如现场清理、施工生产秩序的恢复、后期的保险索赔等一系列问题。

（5）预案管理。应急预案管理强调预案的制订、备案、评审以及在事件后（或演练后）对于预案不符合和不适宜的部分进行不断的修改和完善，使其更加适宜于建筑施工企业的实际应急工作需要。

如图4-1所示，以上5个一级要素构成了应急预案的基本要素，体现了"P（plan）、D（do）、C（check）、A（action）"的系统理念，它们之间既具有一定的独立性，又紧密联系，构成一个不断持续改进的动态过程。

在实际编制时，建筑施工企业根据自身的组织结构、管理模式、风险种类、生产规模等实际，可以对要素作适当调整。可以将相关要素进行合并，或重新排列，或作适当的增减，也可以调整预案的框架结构，缩减为一个简单明了的文件。其中风险描述、应急组织机构与职责、应急响应程序、应急处置措施和应急救援中可用的人员、设备、设施、物资、经费保障资源、社会和外部援助资源等属于应急预案的核心要素。

（二）应急预案的格式

一般说来，应急预案的格式由以下5个部分组成。

1. 封面

应急预案封面主要包括应急预案编号、应急预案版本号、生产经营单位名称、应急预案名称、编制单位名称、颁布日期等内容。

2. 批准文件

批准文件应是经生产经营单位主要负责人批准发布的批准页或批准发布的正式红头文件。

3. 目次

应急预案应设置目次，包括一、二级序数和小标题。综合预案以及其他条文较多的预案可以增加相应的目次。总之，目次应能显示应急预案的基本轮廓，起到更好的导读作用。目次中所列的内容及次序如下：

（1）带章的编号、标题。

（2）带条的编号、标题（需要时列出）。

（3）附件（用序号表明其顺序）。

4. 正文

（1）分章式。它适用于条文较多的预案，如综合应急预案。全文分成几个章节，每个章节就是一个层次。第一章是总则，概述目的、工作原则、编制依据、现状、适用范围等；中间各个章节是分则，具体说明机构职责、响应、恢复等原则性内容；最后一个章节是附则，包括名词术语、综合预案和专项预案目录、预案管理、制订与解释、实施时间等要素。在每个章节中，又逐级划分，分层序数依次为"1""1.1""1.1.1"等，其中一、二级序数后面多加小标题。

（2）条陈式。它也适用于条文较多的预案，如专项预案。全文以条为序划分层次，各条直接表述概述目的、工作原则、编制依据、适用范围、机构职责、响应、恢复相关要素内容，而且每条之间连续编号。条的序数可用"第一条"的形式编排，条下可以设款、项、目，款不编序数，项写成"（一）"，目写成"1."等。

（3）序数式。它适用于条文较少的预案，如现场处置方案。即从第一段起就列若干条，直至最后一段，采用公文的"一、""（一）""1.""（1）"四级序数。

5. 装订

应急预案推荐采用 A4 版面，活页装订。

四、建筑施工企业应急预案的现状

为规范企业应急预案的编制和管理，国家有关部门先后出台了一系列部门规章和规范性文件。目前大多数建筑施工企业已经按照国家有关部门相关应急管理文件的要求，编制了应急预案，应急预案在预防和处置各类突发事件中发挥了很大作用。从目前应急预案编制的实践来看，应急预案编制水平参差不齐，仍然暴露出不少需要进一步加强和完善的地方，与国家要求、行业规定和企业发展需求相比仍有一定差距，与开展应急救援工作的要求存在一定的差距，难以满足指导应急救援工作的需要。存在的问题主要如下所述。

（一）应急预案内容不完整

应急预案覆盖应急准备、应急响应和应急恢复全过程，包含应急预防、应急准备、应急响应和处置等一整套方案。目前，有些应急预案要素不齐全，就是一个基本的预案和一些应急功能，甚至仅在应急救援的有关组织机构与职责、现场处置程序等方面做了一些规定，应急预案中其他所应包括的核心内容等要素未能都反映出来。

（二）应急预案实用性不强

主要表现在：应急预案的编制没有针对实际情况进行风险分析，未能充分明确和考虑自身可能存在的重大危险及其后果；应急预案在编制过程中照搬照抄现象严重，有的照搬照抄他人的预案或仅细枝末节地进行修改；没有结合企业生产实际，也未能结合自身应急能力的实际，片面追求预案形式而忽略实际内容，造成预案华而不实，预案内容与实际工作严重脱节；有的文字冗长，拖沓繁琐，不切实际；不清楚专项预案、现场处置方案和现场处置卡的关系，内容前后混乱。以上因素导致应急预案质量不高，在突发事件发生时，根本不能发挥应急预案本身的作用，不能有效应对。

（三）应急预案体系不完善

主要表现在：有的未能根据规定和要求编制，有的只编制了专项应急预案，有的编制了现场处置应急预案，有的没有编制综合应急预案，已有应急预案没有形成体系，应急预案没有全面覆盖或预案覆盖率低。

（四）应急预案衔接性差

主要表现在：①应急预案本身内容前后矛盾，衔接不够。②应急预案相互之间缺乏衔接，比如综合应急预案、专项应急预案、现场应急处置方案之间衔接不够，协调性不强，存在预案之间的矛盾和交叉，在应急组织机构职责、响应程序、职责划分等方面，都存在一些盲点、重叠、矛盾现象。③与业主、上级单位、相关部门和地方政府等上级应急预案不能有效衔接。内容上不能协调一致、相互兼容，在突发事件应对时容易造成应急行动脱节。

（五）应急预案管理混乱

主要表现在：有的单位将应急预案制订后就束之高阁，对预案中规定的处置原则、要求、程序等不进行培训，更不结合本单位实际进行演练，使预案成为应付上级检查的摆设，导致预案缺乏权威性和经济性。有的没有根据应急预案演练情况以及作业条件、人员等不断变化的实际情况，及时修订、完善预案，导致预案的内容滞后而不具可操作性。

第二节　建筑施工企业应急预案的编制方法

编制应急预案是防止突发事件事态扩大蔓延，有效组织抢险救援，提高应对风险和防范的能力，最大限度地减少人员伤亡和财产损失、环境损害和社会影响的重要措施。它是整个应急准备中的一个重要环节。预案编制不是单独、短期的行为，也不是一蹴而就的事。只有掌握一定的编制方法，应急预案编制方能事半功倍，提高编制效率和质量。

一、应急预案的编制原则

1. 坚持"一险一案"原则

每一种重要风险（事故、风险态）都要有一个应急预案对应。相关预案之间应做到互相有效衔接，逐级细化。

2. 坚持"简明化"原则

预案应简明具体，一定要明确到每个岗位、每个工种、每个环节，做到"钉是钉，铆是铆"，一看就知道做什么、怎么做、谁负责，决不可模棱两可、含含糊糊。现场应急预案、岗位应急处置卡应简单明了、简单易懂，确保责任落实到岗，任务落实到人，流程牢记在心，让每一名员工都能做到"看得懂、记得住、用得上"。

3. 坚持"实际管用"原则

"实际管用"原则是预案编制的基本原则。预案要实事求是，讲究实效性，确保操作程序简单，工作要求明确，能够迅速有序进行救援。应急预案应摒弃"大而全"、不重实效、文字冗长繁琐等做法。预案的层级越往下，各项规定就要越明确、越具体，避免出现"上下一般粗"现象，防止照抄、照套。

4. 坚持"少而精"原则

编制预案在文字要求上应坚持"少而精"原则，应做到：主题鲜明、内容翔实、结构严谨、表述准确、文字简练、逻辑性强、图表条理清晰。

二、应急预案的编制要求

1. 基本要求

应急预案的编制应当以应急处置为核心，明确应急职责、规范应急程序、细化保障措施。应急预案的编制应当符合下列基本要求：

（1）符合国家现行有关法律、法规、规章和标准的规定。

（2）符合本单位的实际情况，应急预案只写能做到的，以现有能力和资源为基础来编写，未来建设目标和规划内容不要出现在应急预案中。

（3）符合本单位的危险性分析情况。

（4）应急组织和人员的职责和权限分工明确、责任清晰，并有具体的落实措施。

（5）有明确、具体的应急程序和处置措施（应急救援的程序简明可操作，应急救援的工作要求明确，应急救援的处置措施正确），并与其应急能力相适应。

（6）有明确可行的应急保障措施，满足本单位的应急工作需要。

（7）应急预案基本要素齐全、完整，应急预案附件提供的信息准确。

（8）应急预案内容与相关应急预案相互衔接。

2. 预案编制全员化

建筑施工企业应急预案编制是一项系统性很强的工作。除了企业安全生产管理部门组织编制工作外，其他各部门和各重点岗位的工作人员都要积极参与进来，密切配合，结合自己在实际工作中的经验提出问题或改进措施，完善应急预案。必要时，可以引入安全生产或应急管理方面的专家参与编制，充分发挥专家在预案编制过程的作用。还可以委托第三方机构进行编制，发挥中介服务机构在应急预案编制方面的重要作用。

三、应急预案的编制步骤

应急预案的编制是一个多步骤的过程。这个过程一般要经历准备工作阶段、编制实施阶段、评审发布阶段。具体步骤如图4-2所示。

（一）准备工作阶段

应急预案的编制准备阶段工作主要包括成立编制小组、收集相关资料、应急法规获取、风险辨识评估、应急资源调查、应急能力评估6个方面。应急预案编制准备阶段所做的工作，旨在为应急预案的编制提供决策和指导依据。准备工作阶段是编制应急预案的基础。

1. 成立编制小组

应急预案编制工作涉及面广、专业性强，是复杂的系统工程，必须结合本单位（项

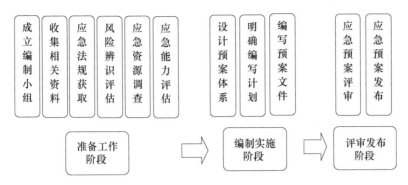

图 4-2　应急预案的编制步骤

目）部门职能分工，成立单位（项目）应急预案编制工作小组，选定负责人，由本单位有关负责人任组长。预案编制人员应具备一定的安全知识和实践经验，应吸收与应急预案有关的职能部门、单位的人员以及有现场处置经验的人员参加。

2. 收集相关资料

俗话说，"巧妇难为无米之炊"。没有充分地占有材料，完成预案编制绝非易事，编制一份内容完整、要素齐全的应急预案更是难于上青天。编制小组要收集国内同行业企业原来已有的类似工程事件资料与应急预案文本、现有预案内容（包括政府与本单位的预案），尤其是要充分收集和参阅已有的应急救援预案，以最大可能减少工作量与避免应急救援预案的重复和交叉，并确保与其他相关应急预案的协调一致。同时要收集相关应急演练记录、突发事件的应急响应与处置案例分析以及本单位相关组织结构、业务领域、工程类型等应急预案编制所需的其他文件和资料。

3. 应急法规获取

应急管理方面的法律法规是从业工作者编制应急预案的依据，贯穿应急预案编制的过程。编制小组要积极获取编制应急预案所要适用的应急管理方面的法律法规，比如《中华人民共和国突发事件应对法》《生产安全事故应急条例》《突发事件应急预案管理办法》《生产安全事故应急预案管理办法》等这些应急管理方面的法律法规、技术标准等规范性文件，以便为应急预案的编制提供法律上的授权。

4. 风险辨识评估

风险辨识评估是应急预案编制前的一项重要工作，它是指针对不同事件种类，识别存在的危险有害因素，对各种危险有害因素进行综合的分析、判断，分析事件可能产生的直接后果以及次生、衍生后果，评估各种后果的危害程度和影响范围，掌握其危险程度，并针对危险有害因素特点和危险程度，提出防范和控制事件风险措施的过程。风险评估的结论，对于建筑施工企业有针对性地开展应急培训、演练、装备物资储备和救援指挥程序等全环节的应急管理活动都具有重要的参考意义。开展风险辨识评估的主要成果便是编制风险评估报告。风险评估包括如下内容。

（1）结合单位概况，对本单位进行危险性分析，确定存在的危险源。

（2）分析可能发生的事件类型（会发生什么样的事件）、可能性（发生概率有多大）及后果，并指出可能产生的次生、衍生事件。

（3）评估事件的危害程度和影响范围（这类事件是否可预防，如果不能预防会产生什么级别的紧急情况，会影响到什么地区）。

（4）提出风险防控措施。

5. 应急资源调查

开展应急资源调查：①对本单位（包括子公司、项目部等）周边条件状况（企业周边5km范围内人口集中居住区，如居民点、社区、自然村等）和社会关注区（包括学校、医院、机关等）的名称、联系方式、人数，周边企业、重要基础设施、道路等基本情况进行资源调查。②对制订应急预案需要哪些资源，目前有哪些资源、人力、设备、供应，还需要增加和补充哪些资源，如何合理地利用和整合现有资源等方面进行分析。企业要结合实际对各类应急资源，包括人力、财力、物力等情况进行摸底调查，摸清家底，尤其是要全面掌握第一时间内有可能调用的应急队伍、应急物资装备设施等应急救援资源状况以及合作区域内可以请求援助的社会应急资源状况，并结合风险辨识评估结论制订应急措施。开展应急资源调查的主要成果便是编制应急资源调查报告。

6. 应急能力评估

应急能力评估就是在全面调查和客观分析本单位应急队伍、装备、物资等应急资源状况基础上，结合本单位实际，对本单位现有应急装备、物资及应急队伍等应急能力现状进行评估。内容主要包括：每一紧急情况所需要的资源与能力是否配备齐全；可获得哪些外部援助，需要多长时间能到达，外部资源能否在需要时及时到位；是否还有其他可以优先利用的资源等。

（二）编制实施阶段

此阶段的工作包括：设计预案体系、明确编写计划、编写预案文件。

1. 设计预案体系

根据有关法律法规规章和相关标准，结合本单位组织管理体系、生产规模、风险评估及应急能力评估结果，设计本单位的应急预案体系。建筑施工企业一般可选择如下三维思路设计应急预案体系。

（1）按企业管理层次和结构设计预案体系，如集团公司、分（子）公司、项目部（现场）等。

（2）按风险态或危险态设计，即考虑按作业过程的风险状态设计预案体系。

（3）按单位可能发生的事件类型设计预案体系，如事故灾难类（包含坍塌、倾倒、坠落、触电、火灾、爆炸等）、自然灾害类（包含地质灾害等）、突发卫生类（包含食物中毒等）、社会安全类（包含管道挖断、农民工群体性事件等）。

2. 明确编写计划

编制小组按照应急预案的类型、级别或层次，制订明确的编写工作进度计划，进行合理分工，责任到人。

3. 编写预案文件

在风险辨识评估、应急资源状况调查、应急能力现状评估和遵循国家相关法律、法规和标准要求的基础上，针对设计的预案体系，确定所需编制的相应应急预案目录和文件结构，实施编写工作，完成具体的文件编写，形成完整的文件体系。这些具体文件包括基本预案、操作程序、说明书、应急行动记录、附件五级文件。

（1）一级文件——基本预案。基本预案也称领导预案，是对所编制应急预案的总体描述。主要阐述应急预案所要解决的突发事件，应急的组织体系、方针和原则，预案体系构成，应急行动的总体思路、法律依据，并明确各应急组织在应急准备和应急行动中的职责、基本应急程序以及应急预案的演练和管理等规定。

（2）二级文件——操作程序。操作程序是建筑施工企业编制应急预案中最重要和最具可操作性的文件。操作程序基于应急功能设置（又可称应急程序），即围绕一项具体应急任务的实施而编写的计划和方法，用以说明各项应急功能的实施细节（在应急活动中谁来做、做什么和怎样做），从而为应急组织和个人履行应急功能设置中规定的职责和任务提供详细指导，它的目的是为应急行动提供指南。

在应急准备到应急恢复全过程的每一个应急活动中应明确应急功能设置，即应急程序。重点围绕以下应急程序编制操作程序：

①预防程序，对潜在事件进行分析说明，给出所采取的预防和控制事件的措施。

②准备程序，说明应急行动前所需采取的准备工作（如风险辨识评估、应急资源情况调查、应急能力现状评估、应急法律法规获取等程序）。

③基本应急程序，任何事件都可适用的应急行动程序（如报警、接警、应急启动、通信联络、现场疏散与指挥、交通管制、医疗救援、应急关闭等程序）。

④专项应急程序，针对具体事件类型的危险性而编制的应急处置程序。

⑤恢复程序，说明事件的现场应急行动结束后所需采取的清除和恢复行动。

操作程序应做到内容具体、简洁明了，保证应急人员在执行相应操作程序时清楚应急行动的步骤。操作程序的格式则比较灵活，可以采用文字叙述，也可以采用应急行动步骤流程图表，还可以采用文字叙述和应急行动步骤流程图表两者的组合。至于选择哪种操作程序格式最适合，建筑施工企业应根据具体情况作出最佳选择。

（3）三级文件——说明书。对操作程序中的特定任务及某些行动细节进行具体描述，主要供企业内部应急人员使用，如企业内部应急人员职责说明书、应急救援装备和器材使用说明书、重点岗位应急处置注意事项等。

（4）四级文件——应急行动记录。包括应急行动前、行动期间、行动结束之后每一个应急行动过程的痕迹。

（5）五级文件——附件。这部分内容最全面，是应急预案的重要组成部分。主要包括应急的有关支持保障系统的描述和有关的附图表，如通信联络方式、应急救援装备器材统计、技术支持、现场平面图、疏散路线图、救援路线图、互助协议等附件。

上述五级文件层层递进，构成了一个完善的预案文件体系。这个文件体系的优点是既保持了整个应急预案文件的完整性，又保留了应急预案编制的灵活性和条理性。

最后，按照现行应急预案编制导则和有关规范性文件要求，根据实际需要进一步优化应急预案文件结构，形成应急预案的正式文本，成为相关从业人员开展应急救援行动的有效工具。

（三）评审发布阶段

1. 应急预案评审

应急预案编制完成后，应进行评审。内部评审由企业组织有关部门和人员进行，对预案的各个要素和结构等进行评审。外部评审根据国家有关规定执行。

2. 应急预案发布

预案经评审完善后，由单位主要负责人签署发布，按规定向政府有关部门备案。

四、应急预案编制注意事项

（一）编制格式注意事项

设计应急预案编制格式时应注意以下事项。

1. 合理性

预案的章节应合理组织，应尽量让预案使用人员能够从相关章节中快速查找所需要的信息，提高工作效率。

2. 连续性

应急预案的每个章节及其组成部分应做到相互衔接，避免孤立割裂、出现不连续现象。

3. 一致性

应急预案的每个部分应采用统一或相似的逻辑结构，尽可能保持预案结构的一致性。

4. 兼容性

尽量采取保持与上级政府机构、部门预案一致的格式，保证各级、各层次应急预案能够更好地协调和对应。

（二）编制内容注意事项

1. 内容应有所侧重

按照应急预案的功能和目标，应急预案由综合应急预案、专项应急预案、现场处置应急预案构成。由于企业组织形式、管理模式、风险大小以及生产施工规模都不一样，所处的特殊环境和特点也不一样，其编制应急预案不同于政府编制的应急预案。各类应急预案的功能和作用不同，预案编制的要求也就各异，由于不同的应急预案所处的层次和适用的范围不同，因此，在编制内容的详略程度和编制重点上会有所区别。

2. 核心要素应完整

一般来讲，应急预案内容包含应急准备、应急响应、应急恢复的全过程。在实际编制时，不涉及应急管理和应急救援的关键环节，如编制目的与依据、适用范围、工作原则、单位概况等一般要素可以适当简写，但是危险源辨识与风险分析、组织机构及职责、信息报告与处置和应急响应程序与处置技术等关键要素必须规范。规模小、危险因素少的施工现场，综合应急预案和专项应急预案可以合并编写。但是，不管编制什么应急预案，综合应急预案也好，专项应急预案也罢，还是现场处置方案，应急组织机构与职责、应急响应程序、应急救援措施等应急预案的核心要素要完整。

3. 预案内容要"保鲜"

应急预案在事件发生后的应急救援机构和人员、应急响应程序、应急处置的方法和措施等方面预先作出科学安排，目的是将事件对人、财产和环境造成的损失降到最低程度。但是企业具体的人员、设备、设施、场所和环境不可能一直保持不变，应急预案也要随之变化。所以，应急预案时时刻刻要"保鲜"，根据现场作业环境条件、机构人员异动、外部环境等不断变化的实际，经常更新内容，进行动态管理。

4. 预案内容要衔接

应急救援是个系统工程，一般涉及企业上下各层级组织、企业内部各部门、与企业应急救援有关的外部相关组织和相关部门。突发事件的不确定性，让企业在应急救援过程中充满着不确定性，在很多情况下不得不寻求外部力量的支援。因此，企业在编制应急预案时，必须将应急预案与相关应急预案进行横向和纵向有机衔接。①主动做好与地方人民政府及其部门、相关专门应急救援队伍、关联单位、上级主管单位等在应急信息报告、职责、内容、程序上的衔接工作，确保应急预案协调联动。②加强企业内部综合应急预案、专项应急预案、现场处置方案的有效衔接。③加强企业的相关部门指挥职责、应急物资装备调用的有效衔接。只有企业与政府、企业与关联单位、企业内部之间预案相互衔接好了，才能发挥企业整个预案的功能作用，企业上下才能相互协作、互相配合、步调一致，将职责不清、互相推诿、程序冗杂等影响应急救援效率与效果的现象在应急响应处置前予以消除。

第三节　建筑施工企业应急预案的基本框架

编制应急预案目的是在应对突发事件的过程中实现应急救援的规范化、制度化、程序化。为便于建筑施工企业掌握应急预案的方法，提高编制效率，下面参照国家有关应急预案编制的要求和导则，从综合应急预案、专项应急预案、现场处置方案、重点岗位应急处置卡4个方面分别介绍应急预案的基本框架。由于建筑施工企业的组织体系、管理模式（总包）、风险大小以及工程类型规模不同，不可能提供统一、详细、规范的范本，只能提供基本框架供大家借鉴参考。

一、综合应急预案的基本框架

综合应急预案是指为应对各种突发事件而制订的综合性工作方案，是本单位应对突发事件的总体工作程序、措施和应急预案体系的总纲。综合应急预案是从总体上阐述事件的应急方针、目标、原则，应急组织机构及应急职责、应急行动、措施和应急保障等基本要求和程序，应对各类突发事件的综合性、纲领性、指导性文件。它是施工现场组织管理、指挥协调相关应急资源和应急行动的整体计划和程序规范，是开展应急救援工作的基础，它以场外指挥和集中指挥为主，侧重应急救援的组织协调，主要起到应急指导作用。

综合应急预案应体现在原则指导上，是编制施工现场其他应急预案的总纲和依据，因此，编制时只能做出原则规定，不可能提出处置的具体办法。但是综合应急预案应当规定应急组织机构及其职责、应急预案体系、事件风险描述、预警及信息报告、应急响应、保障措施、应急预案管理等内容。

综合应急预案的基本框架如下：

1　总则

1.1　编制目的

简述应急预案编制的目的、作用等。

1.2　编制依据

列出应急预案编制所依据的法律、法规、规章、标准和规范性文件以及相关应急预案等。有时将编制依据与编制目的合写。

1.3 适用范围

说明应急预案适用的范围，以及突发事件的类型、级别。集团公司、分（子）公司、项目部（现场）不同层级的应急预案，其适用的范围，以及突发事件的类型、级别不同。

1.4 应急预案体系

说明应急预案体系的构成分级情况。明确与地方政府等其他相关应急预案的衔接关系（可用图示）。

1.5 应急工作原则

说明应急工作原则，内容应切合实际、抓住要点，简明扼要、明确具体。切忌洋洋洒洒、不着边际。

2 危险性分析

2.1 单位（区域）概况

简要描述本单位地址、从业人数、隶属关系、主要工程业务等内容，以及周边重大危险源、重要设施、场所和周边布局情况。必要时，附平面图进行说明。

2.2 风险描述

主要阐述存在的危险源及风险分析结果。即要界定出系统中的哪一区域和部分是危险源，其危险的性质、危害程度、存在状况，危险源向突发事件转化的过程规律、转化的条件和促发因素，发生危害的可能性、后果的严重程度。

3 应急救援组织机构及职责

3.1 应急救援组织机构

应明确应急组织结构形式和构成单位或人员（如领导机构、指挥机构、协作部门、参与单位、日常工作以及与该区域内的社会救援单位等）组成的应急救援组织体系框架，并尽可能以结构图的形式表示出来。应急指挥机构的成员可只写机构、岗位，不必写姓名，以减少因成员变动给预案修订带来的不便。应急救援机构根据突发事件类型和应急工作需要，可以设置相应的应急救援工作小组。

3.2 应急职责

明确领导机构、指挥机构、协作部门、参与单位、日常工作等应急救援机构及其人员的职责、权限。明确各应急救援工作小组的工作任务及职责。职责应全面、明确、准确，不缺失、模糊或交叉。

4 危险源监控与预警

4.1 危险源监控

明确本单位对危险源监测监控的方式、方法，以及采取的预防措施。

4.2 预警行动

明确事故预警的条件、方式、方法和信息的发布程序。对于可以预警的突发事件，明确预警分级条件，预警信息发布、预警行动以及预警级别调整和解除的程序及内容。对于不能预警的突发事件，可以不用明确。

4.3 信息报告

按照有关规定，明确事件及突发事件险情信息报告程序。主要包括：

（1）信息接收与通报。明确 24 小时应急值守电话，事件信息接收、通报程序和责任人。

（2）信息上报。明确事件发生后向上级主管部门、上级单位上报事件信息的流程、内容、时限和责任人。

（3）信息传递。明确事件发生后向本单位以外的有关部门或单位通报事件信息的方法、程序和责任人。

5　应急响应

5.1　响应分级

针对事件危害程度、影响范围和现场控制事态的能力，将事件分为不同的等级。按照分级负责的原则，明确应急响应级别。

5.2　响应程序

根据事件的大小和发展态势，明确应急指挥、应急行动、资源调配、应急避险、扩大应急等应急响应程序（应配上响应流程方框图）。响应程序不需详细具体，只需简述即可。主要包括：

（1）应急响应启动。明确应急响应启动的程序和方式。可由有关领导作出应急响应启动的决策并宣布，或者依据事件信息是否达到应急响应启动条件自动触发启动。若未达到应急响应启动条件，应做好应急响应准备，实时跟踪事态发展。

（2）应急响应内容。明确应急响应启动后的程序性工作，包括紧急会商、信息上报、应急资源协调、指挥、后勤保障等工作。

（3）扩大应急。明确在事态无法控制情况下，向外部力量请求支援的程序及要求。当险情不断扩大，已经超出了场内救援的能力和范围，企业的应急能力不能满足应急活动的需求，事态进一步扩大时，必须及时提高应急响应级别，选取最现实、最有效的应急策略。

5.3　应急结束

简要说明应急响应结束的基本条件和要求。事件现场得以控制，环境条件符合有关要求，导致次生、衍生事故的隐患消除后，现场应急结束。

5.4　信息发布

明确事故信息发布部门、发布原则。事故信息应由事故现场指挥部及时准确向新闻媒体通报事故信息。

6　后期处置

主要包括污染物处理、事故后果影响消除、生产秩序恢复、善后赔偿、抢险过程和应急救援能力评估及应急预案的修订等内容。应作简要说明。

7　保障措施

7.1　通信与信息保障

明确与应急工作相关联的单位或人员的通信联系方式和方法，并提供备用方案。建立信息通信系统及维护方案，确保应急期间信息通畅。

7.2　应急队伍保障

明确各类应急响应的人力资源，包括专业应急队伍、兼职应急队伍的组织与保障方案。

7.3 应急物资装备保障

明确应急救援需要使用的应急物资和装备的类型、数量、性能、存放位置、管理责任人及其联系方式等内容。

7.4 经费保障

明确应急专项经费来源、使用范围、数量和监督管理措施，保障应急状态时应急经费的及时到位。

7.5 其他保障

根据本单位应急工作需求而确定其他相关保障措施（如交通运输保障、治安保障、技术保障、医疗保障、后勤保障等）。其他保障内容应尽可能在应急预案的附件中体现。

8 预案管理

主要明确以下内容：

（1）明确本单位应急预案宣传培训计划、方式和要求（如果预案涉及社区和居民，要做好宣传教育和告知等工作）；

（2）明确本单位应急预案演练的计划、类型、频次、规模、方式等要求；

（3）明确本单位应急预案维护、修订的期限、程序和基本要求；

（4）明确本单位应急预案的评审要求和报备（向上级应急管理机构报备）部门；

（5）明确应急预案负责制定与解释的部门；

（6）明确应急预案实施的具体生效时间。

9 附件

9.1 术语和定义

对预案中出现的新的名词术语进行解释。

9.2 应急组织机构和人员的联系方式

列出本单位应急组织机构和人员的通信联系方式。还应包括有关应急部门、机构或人员的联系方式（列出应急工作中需要联系的部门、机构或人员的多种联系方式），并不断进行更新。

9.3 重要物资装备储备清单

列出应急预案涉及的主要物资和装备名称、型号、性能、数量、存放地点（尽量图示）、管理责任人和联系电话等。

9.4 相关应急预案名录

列出本单位应急预案相关的或应与其相衔接的预案名称及编制单位。

9.5 关键的路线、标志和图纸

主要包括：

（1）重要防护目标、危险源一览表、分布图；

（2）应急指挥部（现场指挥部）位置及救援队伍行动路线；

（3）疏散路线、集结点、警戒范围、重要地点等的标志；

（4）相关平面布置图纸、应急资源分布图纸等；

（5）本单位的地理位置图、周边关系图；

（6）事件风险可能导致的影响范围图。

9.6 有关协议或备忘录

与相关部门单位签订的互助救援协议或备忘录。

二、专项应急预案的基本框架

专项应急预案是指为应对某一种或者多种类型突发事件，或者针对重要生产设施、重大危险源、重大活动防止突发事件发生而制订的专项性工作方案。专项应急预案是综合应急预案的组成部分，应按照综合应急预案的程序和要求制订，作为综合应急预案的附件。专项应急预案应当规定应急指挥机构与职责、明确的处置程序和应急处置措施等内容。较之综合应急预案，专项应急预案重点强调专业性，对应急工作进行更具体、针对性的阐述，应体现在"具体处置"上。在基本结构上，因为有些要素在综合应急预案里面已经明确规定了，所以在专项应急预案里面有些要素就没有了，以免要素之间发生冲突。

专项应急预案的基本框架如下：

1 编制目的

简述专项应急预案编制的目的、作用。

2 适用范围

说明专项应急预案适用的区域范围，以及突发事件的类型、级别以及与综合应急预案的关系。

3 事件区域、事件类型和危害程度分析

在危险源评估和风险分析的基础上，依据危险源评估和风险分析结果，对其可能发生的事件类型和可能发生的季节及其严重程度进行确定。比较综合应急预案的危险源和风险分析，更具体也更有针对性。

4 组织机构及职责

4.1 应急救援组织机构

明确应急救援组织机构及其人员构成。应急救援机构根据事故类型和应急工作需要，可以设置相应的应急救援工作小组。

4.2 应急职责

根据事件类型，明确应急组织机构以及各成员单位或人员的具体职责，并明确各小组的工作任务及职责。

5 应急响应与处置

5.1 响应分级

针对事件危害程度、影响范围和单位控制事态的能力，将事件分为不同的等级。按照分级负责的原则，明确具体事件类型应急响应级别。

5.2 响应程序

根据事件的大小和发展态势，从事件应急过程出发，明确应急指挥、应急行动、资源调配、应急避险、扩大应急等响应程序。相较综合应急预案的响应程序，更具体明确，而非原则性。

5.3 应急处置措施

即针对事件类别和可能发生的事故特点、危险性，制定的应急处置措施。应急处置措施必须具有针对性。

明确事件具体的警戒疏散、医疗救治、工程抢险、环境保护及人员防护等工作要求。

6 应急物资与装备保障

明确具体事件类型应急处置所需的物资与装备数量、管理和维护、正确使用等。

三、现场处置方案的基本框架

现场处置方案是指根据不同事件类型，针对危险性较大的具体场所、装置或者设施，在专项应急预案的基础上所制定的应急处置措施。现场处置方案重点规范基层的先期处置，应体现自救互救、信息报告和先期处置特点。现场处置方案应当规定应急工作职责、应急处置措施和注意事项等内容。与综合应急预案、专项应急预案相比较而言，现场处置方案的基本结构比较简单。现场处置方案的特点是具体、简单、针对性更强，对现场具体救援活动有更强的操作性。现场处置方案应做到事故类型和危害程度清楚，应急管理责任明确，应对措施正确有效，应急响应及时迅速，应急资源准备充分，立足自救。要在现场处置方案中赋予施工生产现场的带班人员、班组长、施工员在遇到险情时的直接决策权和指挥权，有效提高现场应急反应速度。

现场处置方案的基本框架如下：

1 事件风险描述（可用列表形式）

主要包括：

（1）本场所、装置或者设施的概况；

（2）本场所、装置或者设施可能发生的突发事件类型；

（3）事件可能发生的时间与途径、可能造成的危害程度及其影响范围；

（4）可能引发的次生、衍生事件。

2 应急组织与职责

针对具体场所、装置或者设施，明确应急组织分工和职责。

主要包括：

（1）现场应急自救组织形式及人员构成情况（最好用图表的形式）；

（2）应急自救组织机构、人员的具体职责，应同现场从业人员工作职责紧密结合，明确相关岗位和人员的应急工作职责。

3 应急处置

主要包括以下内容：

（1）事件应急处置程序。根据可能发生的事件类别及现场实际，明确事件报告、报警电话及报告的基本要求和内容、各项应急措施启动、应急救护人员的引导、事故扩大及同企业应急预案的衔接的具体要求（可用图表加必要的文字说明的形式）。

（2）现场应急处置措施。针对可能发生的事件，从操作步骤、工艺流程、事件控制、人员救护、消防等方面制订明确的应急处置措施。

4 注意事项

主要包括：

（1）佩戴个人防护器具方面的注意事项；

（2）使用抢险救援器材方面的注意事项；

（3）采取救援对策或措施方面的注意事项；

（4）现场自救和互救注意事项；

（5）现场人员安全防护等事项；

（6）应急救援结束后的注意事项（应考虑预防次生灾害事件的措施）；

（7）其他需要特别警示的事项。

5　附件

（1）现场处置应急机构或人员的联系方式。列出应急处置工作中应急机构或人员的多种联系方式，并不断进行更新。

（2）应急物资和装备的名录或清单。列出应急处置方案涉及的应急物资和装备名称、型号、存放地点和联系电话等。

（3）关键标志及救援路线图。列出现场疏散路线、集结点、警戒范围、重要地点等标志及救援路线图（根据实际地理位置确定，列出现场疏散路线、警戒范围、重要参照物等标志及现场到附近医疗机构（点）及道路交通图）。

（4）相关应急预案名录。列出直接与本应急处置方案相关的或相衔接的应急预案名称。

四、重点岗位应急处置卡基本框架

为了增强现场处置方案的可操作性，建筑施工企业应当在编制现场处置方案的基础上，针对重点岗位存在的危险性因素及可能引发的事故，按照易懂、简明、实用、便于操作的原则，编制重点岗位应急处置卡，更好地发挥现场重点岗位人员（第一时间、第一现场应急处置）在应急处置初期的关键作用，解决紧急状态下重点岗位人员"做什么""怎么做""谁来做"的问题。坚决防止一哄而上现象，切忌企业所有岗位人员都编制现场应急处置卡。

重点岗位应急处置卡是现场处置方案的进一步延伸和简化，它的内容必须与企业内部的现场处置方案的相关内容保持一致，不能与原有的处置程序重复交叉，处置程序应衔接好，防止与现场处置方案脱节。它主要包括应急岗位名称、执行依据、岗位可能引发的事故类型、应急处置程序、应急处置措施、应急物资配备、应急联系方式7个方面的内容。

需要注意的是，这里讲的重点岗位应急处置卡不能简单地把应急预案变成卡片形式或者将应急预案内容直接卡片化，更不能要求应急处置卡、应急预案内容一一对应。重点岗位应急处置卡应当做到应急程序和措施简明化、牌板化、图表化，岗位应急处置的关键事项应简明扼要、表述清楚，从业人员携带方便；重点岗位应急处置卡内容应做到相关人员应知应会、熟练掌握，以便在事件应急处置过程中可以简便快捷地予以实施，起到科学指导作用。

应急处置卡基本框架如下：

1　岗位名称

明确重点岗位的名称。

2　执行依据

执行的现场处置方案。

3 事故类型

明确重点岗位可能引发的事故类型。

4 行动程序及内容

明确重点岗位人员信息报告、应急处置程序、处置中所采取的行动步骤及措施。

5 联络人员和联系方式

列出应急工作中主要联系的部门、机构或人员的联系方式。

6 其他事项

其他需要注意的事项。

第四节　建筑施工企业应急预案示例

建筑施工企业在编制应急预案的时候，可以结合实际，灵活编制。建筑施工企业规模比较大的，组织结构的层次复杂，风险种类多、可能发生多种类型事件的，应当组织编制综合应急预案、专项应急预案、现场处置方案，在应急预案的组织指挥、应急行动、资源调配以及应急处置措施、应急保障措施等方面，要有所区别。当专项应急预案与综合应急预案中的应急组织机构、应急响应程序相近时，可不编写专项应急预案，相应的应急处置措施并入综合应急预案。当然，有些企业的规模比较小，可以把综合、专项应急预案和现场处置方案放在一个预案里面来进行处理和编制。对于某一种或者多种类型的事件风险，建筑施工企业可以编制相应的专项应急预案，或将专项应急预案并入综合应急预案。事件风险单一、危险性小的建筑施工企业，可以只编制现场处置方案。

为了帮助建筑施工企业全面了解和掌握建筑施工企业应急预案，本节结合综合应急预案、专项应急预案、现场处置方案的基本框架，从企业管理层次、结构和可能发生的事故灾难、突发自然灾害、突发卫生事件、社会安全事件类型，分别选取了建筑施工企业（总公司/公司）应急预案、项目部应急预案、现场处置方案及重点岗位应急处置卡相关示例。建筑施工企业（总公司）二级单位应急预案可参照总公司应急预案编制。

一、建筑施工企业（总公司/公司）应急预案示例

（一）综合应急预案示例

×××总公司突发事件综合应急预案

1 总则

1.1 编制目的

为规范总公司应急管理和应急响应程序，应对和迅速有效地处理可能发生的总公司范围内的各类突发事件，全面提高应对突发事件的应急反应和处置能力，确保总公司在突发事件发生的第一时间能迅速有效地做出反应，最大限度地防止和减少突发事件造成的人员伤亡和财产损失，特制订本预案。

1.2 编制依据

本预案依据《中华人民共和国安全生产法》《中华人民共和国消防法》《中华人民共和国特种设备安全法》《中华人民共和国职业病防治法》《中华人民共和国防洪法》《中

华人民共和国道路交通安全法》《中华人民共和国突发事件应对法》《建设工程安全生产管理条例》《特种设备安全监察条例》《生产安全事故报告和调查处理条例》《突发公共卫生事件应急条例》《生产安全事故应急条例》《生产安全事故应急预案管理办法》《生产经营单位生产安全事故应急预案编制导则》等国家有关法律、法规和标准，以及总公司安全管理规定制订。

1.3 适用范围

本预案适用于总公司级突发事件的应对工作，指导总公司总部及所属各二级单位的突发事件应对工作。

1.4 事件分类与分级

1.4.1 突发事件分类

根据总公司的生产经营特点和风险分析，总公司可能发生的突发事件主要包括以下4类：

（1）自然灾害。主要包括洪涝灾害、气象灾害（雨雪冰冻；强对流天气，含暴雨、雷电、龙卷风等）和地质灾害（山体崩塌、滑坡、泥石流）事件。

（2）事故灾难。主要包括突然发生，造成或可能造成人员伤亡或财产损失的各类施工安全事故以及道路交通事故、环境污染事故。

（3）突发卫生事件。主要包括突然发生，造成或可能造成从业人员健康损害的传染病疫情、群体性不明原因疾病、食物和职业中毒事件、动物疫情以及其他严重影响健康和生命安全的事件。

（4）突发社会安全事件。主要包括挖断线路、管道等引发的紧急事件及规模较大的群体性事件、涉外突发事件等。

1.4.2 突发事件分级

按照突发事件的性质、严重程度、可控性和影响范围等因素，总公司突发事件分为4个级别，即Ⅰ级、Ⅱ级、Ⅲ级、Ⅳ级。突发事件具体分级在本预案专项应急预案中明确。

Ⅰ级：突然发生，事态非常复杂，对地方一定区域乃至国家生产安全、公共安全、政治稳定和社会经济秩序带来严重危害或威胁，已经或可能造成重特大以上人员伤亡、财产损失或重大环境破坏，需地方政府或地方政府有关部门乃至国家统一组织协调，调集各方资源和力量进行应急处置的紧急事件。

Ⅱ级：突然发生，事态非常复杂，对公司安全、生产秩序带来较大危害或威胁，已经或可能造成较大以上人员伤亡、财产损失或重大环境破坏，需总公司配合地方政府或地方政府有关部门乃至国家统一组织协调，调集总公司各方资源和力量进行应急处置的紧急事件。

Ⅲ级：突然发生，事态比较简单，对总公司员工、相关方、小范围内的生产安全带来一定危害或威胁，已经或可能造成人员死亡或重伤，但未构成较大人员伤亡及财产损失，需要总公司二级单位统一组织协调，调集本单位资源和力量进行应急处置的紧急事件。

Ⅳ级：突然发生，已经或可能造成人员重伤或轻伤、财产损失，需要项目部统一组织协调，调集项目部资源和力量进行应急处置的紧急事件。

1.5 应急预案体系

总公司应急预案体系由总公司突发事件综合应急预案、二级单位应急预案、项目部应急预案构成（见附件1）。

1.5.1　总公司预案

总公司预案是总公司应急预案体系和总公司应对较大以上突发事件的纲领性文件，为总公司二级单位应急预案编制提供指导原则和总体框架。

1.5.2　二级单位预案

二级单位预案即二级单位针对各类突发事件制订的综合、专项应急预案，与总公司突发事件预案相衔接。

1.5.3　项目部应急预案

项目部应急预案项目部针对各类突发事件制订的综合、专项应急预案、现场处置方案，与二级单位突发事件预案相衔接。

1.6　应急工作原则

（1）以人为本，减少危害。履行企业主体责任，加强突发事件管理工作，最大程度地减少和消除突发事件造成的后果和社会影响。

（2）统一领导，分级负责。在总公司统一领导下，各二级单位、各项目部按照各自的职责和权限，负责有关突发事件的应急管理和应急处置工作，建立健全应急预案体系和应急响应机制。

（3）依靠科学，依法规范。采用先进的应急救援装备和技术，增强应急救援能力，依法规范应急救援工作，确保应急预案的科学性和可操作性。

（4）预防为主，平战结合。贯彻落实"安全第一，预防为主，综合治理"的方针，坚持事件应急与预防工作相结合。做好常态下的风险评估、救援物资储备、应急队伍建设、完善应急装备、预案演练等工作。

2　危险性分析

2.1　单位概况（略）。

2.2　风险描述（略）。

3　组织机构及职责

3.1　应急组织体系

总公司突发事件应急组织机构由总公司应急工作委员会、应急工作委员会办公室、应急工作支持部门、专业救援和社会支持保障力量、相关应急管理机构及社会保障力量、应急专家组、应急指挥部构成，如图4-3所示。

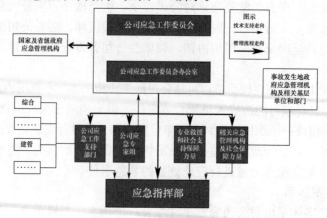

图4-3　应急组织体系框图

3.2 应急组织机构及职责

3.2.1 应急组织机构

（1）总公司应急工作委员会。总公司应急工作委员会是突发事件应急工作的领导机构，是总公司应急工作的最高指挥机构，由总公司管理层主要负责人组成。组成如下：

主任：×××

副主任：×××、×××

成员：×××、×××、×××、×××

（2）应急工作委员会办公室。总公司应急工作委员会办公室作为总公司应急工作委员会的办事机构，组成如下：

主任：×××

副主任：×××、×××

成员：×××、×××、×××、×××

办公室常设工作机构分别挂靠在×××、×××、×××、×××，具体负责应急领导小组办公室的日常工作。事故灾难类突发事件由×××负责；自然灾害类突发事件应急管理工作由×××负责；社会安全类突发事件应急管理工作由×××负责；卫生突发事件应急管理工作由×××负责。

（3）应急工作支持部门。即突发事件处置过程中提供各类支持的协助和保障的部门。包括总公司×××、×××、×××、×××、×××等各职能部门。

（4）专业救援和社会支持保障力量。专业救援和社会支持保障力量包括医疗机构、武警部门、消防部门、公安机关、社会应急救援中心以及其他社会专业救援力量等。

（5）相关应急管理机构及社会保障力量。相关应急管理机构及社会保障力量包括事故发生地政府应急管理机构及相关基层单位和部门等。

（6）应急专家组。总公司建立突发事件应急处置专家库，在应急状态条件下协调有关专家组成专家组，提供应急处置技术支持。

（7）应急指挥部。应急指挥部是总公司应急工作委员会的派出机构。突发事件发生时，总公司事发二级单位应急组织机构自动转变为应急指挥部。应急指挥部第一指挥者按本预案规定的先后顺序担任，依次递补。必要时，由总公司应急工作委员会指派第一指挥者。

根据应急工作的实际需要，总公司应急工作委员会统一协调公司职能部门和其他二级单位参与应急救援工作。

3.2.2 职责

（1）总公司应急工作委员会职责。负责Ⅰ级或Ⅱ级应急突发事件的组织领导和决策指挥工作，下达应急指令。必要时派出工作组指导工作。

（2）总公司应急工作委员会办公室职责。

①归口公司Ⅰ级或Ⅱ级突发事件应急管理工作，指导公司Ⅰ级或Ⅱ级突发事件的管理工作。

②组织落实总公司应急工作委员会提出的各项措施和要求，并负责监督落实。

③协助总公司应急工作委员会处置Ⅰ级或Ⅱ级突发事件，组织协调Ⅰ级和Ⅱ级突发事件的预防与应急准备、应急救援、恢复重建、信息发布与媒体应对等工作。

④负责向政府应急管理部门和相关主管部门报送、沟通Ⅰ级或Ⅱ级突发事件信息。

⑤负责总公司应急工作委员会交办的其他事项。

（3）应急工作支持部门职责。

①×××：负责协调处理二级单位管理人员违反党纪、政纪举报问题的有关群体性上访人员的政策解释和疏导工作。

②×××：负责群体性上访人员有关劳动人事政策的解释，配合党群工作部协调处理和疏导有关群体性上访人员工作。

③×××：负责总公司Ⅰ级或Ⅱ级突发事件相关各方法律责任的分析研判，应急处置过程中有关各方赔偿或补偿标准的制定和协调工作。

④×××：保证应急管理工作资金。

⑤×××：监督应急管理工作资金的使用。

……

（4）专业救援和社会支持保障力量职责。总公司应急能力范围外，应请求负责参与现场应急救援的专业力量和社会力量支援。

（5）应急专家组职责。

①参与总公司Ⅰ级或Ⅱ级突发事件应急工作方案的制订工作。

②为应急管理提供科学决策，参与突发事件的应急处置，为现场应急工作提出应急救援的建议和技术支持。

③完成总公司应急工作委员会办公室交办的其他任务。

（6）应急指挥部职责。

①按照总公司应急工作委员会指令，负责应急指挥工作；

②收集现场信息，核实现场情况，针对事态发展制定和调整应急救援抢险方案；

③负责整合、调配应急资源；

④及时向总公司应急工作委员会汇报应急处置情况；

⑤收集、整理应急处置过程中的有关资料；

⑥核实应急终止条件并向总公司应急工作委员会请示应急终止；

⑦负责现场应急工作总结；

⑧负责总公司应急工作委员会交办的其他任务。

4　预警与信息报告、发布

4.1　预警

4.1.1　预警信息

总公司应急工作委员会办公室及各职能部门应通过各种途径获取总公司Ⅰ级或Ⅱ级突发事件预警信息。预警信息包括突发事件的类别、预警级别、起始时间、可能影响范围、警示事项、应采取的措施和发布单位等。获取途径如下：

（1）政府主管部门向总公司应急工作委员会告知的预警信息。

（2）通过政府媒体公开发布的预警信息。

（3）总公司各二级单位上报的预警信息。

4.1.2 预警行动

应急工作委员会办公室常设工作机构应对预警信息进行分析，研判危害程度、紧急程度和发展态势。根据分析、研判结果和政府发布的预警等级，应急工作委员会办公室采取以下预警行动：

（1）及时向总公司各职能部门、各二级单位发布和传递预警信息。

（2）达到突发事件Ⅰ级或Ⅱ级标准时，启动应急响应。

4.2 信息报告与发布

4.2.1 信息报告

（1）信息报告程序。各二级单位接警后经初步评估确定符合Ⅰ级或Ⅱ级突发事件条件时，要将突发事件情况第一时间向总公司应急工作委员会办公室报告，应急处置过程中，要及时续报有关情况。同时按规定通报所在地区相关政府部门。

（2）信息报告方式。信息报告和通信联络必须采用有效方式，信息报告和指令传达畅通。每一级报告时间最迟不得超过1小时。

4.2.2 信息发布

（1）总公司在发生突发自然灾害事件、突发公共卫生事件、重大安全事故、涉外突发事件、群体性上访等严重影响企业形象和稳定的事件后，要做好对外新闻报道和舆论引导等工作，统一对外进行信息发布。

（2）总公司应急工作委员会授权总公司办公室统一对外发布突发事件应急信息，总公司相关业务部门配合。

5 应急响应

5.1 响应分级

按突发事件的可控性、严重程度和影响范围，总公司突发事件的应急响应分为Ⅰ级（总公司）响应、Ⅱ级（二级单位）响应、Ⅲ（项目部）级响应。具体响应分级在本预案专项应急预案中明确。

Ⅰ级应急响应由总公司组织实施，Ⅱ级应急响应由二级单位组织实施，Ⅲ级应急响应由项目部组织实施。无论突发事件大小，在采取控制和救援措施的同时，一旦下一级预案无法控制，必须立即启动上一级预案。

5.2 响应程序

（1）总公司接到报告后应立即与突发事件事发二级单位联系，掌握事件进展情况，启动本级应急预案，控制事态影响扩大。

（2）成立应急指挥部，负责突发事件的协调、指挥工作。

（3）及时向政府主管部门等报告突发事件基本情况和应急救援的进展情况，根据政府的要求开展应急救援工作。

（4）根据专家建议，通知相关应急救援力量随时待命，为政府应急指挥机构提供技术支持。

（5）按照突发事件分类，总公司应急工作委员会主任或副主任立即赶赴现场，负责协调指挥抢险救援工作。同时派出相关应急救援力量和专家赶赴现场，参加、指导现场应急救援。

总公司二级单位出现超出本级应急处置能力时，需要请求有关应急力量支援时，应及时向地方政府、专业救援力量和总公司请求协调其他应急资源。

5.3 应急结束

Ⅰ级或Ⅱ级突发事件应急处置工作结束，或者导致次生、衍生事故隐患消除，或相关危险因素消除后，应急指挥部确定应急状态可以解除的，向总公司应急工作委员会办公室报告，总公司应急工作委员会主任宣布应急状态解除。

6 后期处置

6.1 恢复秩序和善后调查

6.1.1 恢复秩序

突发事件应急处置结束后，各二级单位要开展损失评估，采取措施消除在危急事件后可能存在的安全隐患、污染物处理等，尽快恢复生产、生活秩序。

6.1.2 善后调查

应急结束后妥善处理相关善后理赔工作，配合事件调查组做好事件调查。

6.2 应急总结上报

总公司应急工作委员会办公室（常设工作机构）对二级单位上报的应急工作总结材料进行整理归档，形成突发事件应急工作总结，按规定上报，并检查和督办应急管理工作改进措施的落实情况。

7 保障措施

7.1 通信与信息保障

总公司实行 24 小时电话应急值班制度，并将通过固定电话和移动电话两套通信系统，保障应急救援相关人员信息联络畅通（见附件 4）。外部应急救援联系电话：火警119，匪警 110，医疗急救 120。

7.2 应急队伍保障

建立联动协调机制，充分利用社会应急资源，签订互助协议，提供应急期间的医疗卫生、治安保卫、交通维护和运输等应急救援力量的保障；各二级单位要组建兼职应急救援队伍，加强应急队伍的业务培训和应急演练，熟悉应急知识，充分掌握各类突发事件处置措施，提高其应对突发事件的素质和能力。

7.3 应急物资和装备保障

各二级单位整合本企业现有应急资源，建立健全本企业应急物资储备保障体系，配置完善的应急物资和装备，实行统一协调和资源配置，建立并落实日常检查、维护制度，使应急物资和装备处于完备状态。在Ⅰ级或Ⅱ级突发事件应急状态下，公司应急工作委员会统一调配使用。

7.4 经费保障

各二级单位负责加强对应急工作费用的监督管理，保障应急状态时应急经费的及时到位，用于突发事件处置工作。

7.5 救助保障

各二级单位为从业人员办理相关保险，发挥保险的救助保障作用，最大限度降低突发事件造成的损失。

8 培训与演练

8.1 培训

总公司应急工作委员会办公室组织总公司应急预案培训，让全体员工及相关人员了解总公司各类应急预案，提高安全生产意识，为总公司应急预案的实施打下坚实基础。

8.2　演练

各二级单位应根据实际情况，确定应急演练的频次、规模、类型，组织实施应急演练，增强实战处置能力。演练结束后进行现场评估，评价应急能力，形成应急演练总结报告。

9　奖惩（略）

10　附则

10.1　术语和定义

本预案所称突发事件，是指突然发生，造成或可能造成人员伤亡、财产损失、生态环境破坏，影响和威胁总公司发展和稳定，需要采取应急处置措施予以应对的紧急事件。

10.2　修订与备案

10.2.1　修订

本预案在下列情况下应及时修订：

（1）依据的法律、法规、规章、标准及上位预案中的有关规定发生重大变化的；

（2）总公司应急指挥机构及其职责发生调整的；

（3）总公司安全生产面临的风险发生重大变化的；

（4）总公司重要应急资源发生重大变化的；

（5）在应急演练和应急救援中发现需要修订预案的重大问题的；

（6）总公司认为应当修订的其他情况。

10.2.2　备案

本预案报送××备案。

10.3　制订和解释

本预案由总公司×××制订，负责解释并组织实施。

11.4　实施

本预案自发布之日起实施。

附件：1．总公司突发事件应急工作领导小组成员及通信方式

　　　2．应急工作相关联的部门、机构或人员通信联系电话（政府有关部门）

　　　3．抢险重要物资装备目录

　　　4．相关应急预案名录

　　　5．总公司本部地理位置图、周边关系图

　　　6．总公司本部相关平面布置图纸、应急资源分布图纸

　　　7．有关协议或备忘录

（二）专项应急预案示例

示例一：施工安全事故专项应急预案

××总公司施工安全事故专项应急预案

1　事故风险分析

1.1　事故类型

根据总公司工程建设危险源分布情况以及施工特点，总公司范围内极易发生火灾、爆炸、有毒有害气体泄漏、触电、中毒、高空坠落、坍塌、物体打击、机械伤害等各类

施工安全事故。

1.2 事故分级

按照施工安全事故的严重性、可控性、影响范围等因素，将总公司施工安全事故分为Ⅰ级、Ⅱ级、Ⅲ级、Ⅳ级。

1.2.1 Ⅰ级施工安全事故

出现下列情况之一的为Ⅰ级施工安全事故：

（1）一次造成死亡 10 人以上，或中毒（重伤）50 人以上，或直接经济损失达到 5000 万元以上的施工安全事故。

（2）超出总公司应急处置能力范围的施工安全事故。

1.2.2 Ⅱ级施工安全事故

出现下列情况之一的为Ⅱ级施工安全事故：

（1）一次造成死亡 3 人以上、10 人以下，或重伤 10 人以上、50 人以下，或直接经济损失 1000 万元以上、5000 万元以下。

（2）总公司应急处置能力范围内的施工安全事故。

1.2.3 Ⅲ级施工安全事故

出现下列情况之一的为Ⅲ级施工安全事故。

（1）一次造成死亡 3 人以下，或重伤 3 人以上、10 人以下，或直接经济损失 100 万元以上、1000 万元以下。

（2）总公司二级单位应急处置能力范围内的施工安全事故。

1.2.4 Ⅳ级施工安全事故

出现下列情况之一的为Ⅳ级施工安全事故：

（1）未发生死亡，重伤 3 人以下，或直接经济损失 100 万元以下。

（2）项目部应急处置能力范围内的施工安全事故。

1.3 事故危害程度分析

总公司范围内一旦发生施工事故，存在导致人员伤亡、经济损失以及引起社会不良影响的风险。尤其是发生支架垮塌等重特大事故，将给公司造成重大损失或重大不良社会影响。

2 组织机构及职责

2.1 组织机构

（1）总公司应急工作委员会（同总公司突发事件综合应急预案）。

（2）应急工作委员会办公室（同总公司突发事件综合应急预案）。

办公室常设工作机构挂靠在安全部门，具体负责应急工作委员会办公室的日常工作。

2.2 职责（同总公司突发事件综合应急预案）

3 预警与信息报告、发布（同总公司突发事件综合应急预案）

4 应急响应

4.1 响应分级

按照本预案 1.2 事故分级，总公司施工安全事故的应急响应分为Ⅰ级（总公司）响应、Ⅱ级（二级单位）响应、Ⅲ级（项目部）响应。

4.1.1 Ⅰ级应急响应

发生Ⅰ级或Ⅱ级施工安全事故，由总公司组织实施，在国家或省级应急管理部门统一领导和指挥下，启动总公司应急预案，配合政府应急管理部门开展应急救援工作。

4.1.2 Ⅱ级应急响应

发生Ⅲ级施工安全事故，总公司二级单位启动本单位应急预案开展应急救援处置工作。

4.1.3 Ⅲ级应急响应

发生Ⅳ级施工安全事故，施工安全事故发生单位（项目部）启动本单位应急预案进行处置。

4.2 响应程序

4.2.1 先期处置

施工安全事故发生后，总公司施工安全事故事发二级单位在报告施工安全事故信息的同时，启动本级应急预案，及时、有效地进行先期处置，控制事态影响扩大。

4.2.2 总公司施工安全事故应急响应程序

（1）总公司接到报告后应立即与施工安全事故事发二级单位联系，掌握事件进展情况，启动本级应急预案。

（2）成立总公司应急指挥部，负责施工安全事故的协调、指挥工作。

（3）及时向政府主管部门等报告施工安全事故基本情况和应急救援的进展情况，根据政府的要求开展应急救援工作。

（4）根据专家建议，通知相关应急救援力量随时待命，为政府应急指挥机构提供技术支持。

（5）总公司应急工作委员会主任或分管安全工作的应急工作委员会副主任立即赶赴现场，负责协调、指挥抢险救援工作。同时派出相关应急救援力量和专家赶赴现场，参加、指导现场应急救援。

5 保障措施（同总公司突发事件综合应急预案）

6 培训与演练（同总公司突发事件综合应急预案）

7 奖惩（同总公司突发事件综合应急预案）

8 附则

8.1 修订（同总公司突发事件综合应急预案）。

8.2 备案

本预案作为总公司突发事件综合应急预案的附件，与总公司突发事件综合应急预案一并报送××备案。

8.3 制订和解释（同总公司突发事件综合应急预案）

8.4 实施

本预案作为总公司突发事件综合应急预案的附件，自发布之日起实施。

示例二：突发自然灾害事件专项应急预案

××总公司突发自然灾害事件专项应急预案

1 突发自然灾害事件风险分析

1.1 突发自然灾害事件类型

根据总公司工程建设多分布在山区、平原、河流及丘陵地带，受气候、地理环境因素影响，总公司范围内极易发生洪涝灾害、气象灾害（雨雪冰冻；强对流天气，含暴雨、雷电、龙卷风等）和地质灾害（山体崩塌、滑坡、泥石流）事件。

1.2 突发自然灾害事件分级

结合总公司工程建设现场突发自然灾害事件的性质、造成或者可能造成人员死亡的数量或直接财产损失、受影响的范围实际，按照突发自然灾害事件的严重性、可控性等因素，将总公司自然灾害事件分为Ⅰ级、Ⅱ级、Ⅲ级、Ⅳ级。

1.2.1 Ⅰ级自然灾害事件

出现下列情况之一的为Ⅰ级自然灾害事件：

（1）受灾害威胁，需搬迁转移人数在100人以上，或潜在经济损失1000万元以上的灾害险情。

（2）因灾死亡10人以上，或因灾造成直接经济损失1000万元以上的灾害灾情。

（3）超出总公司应急处置能力范围的自然灾害事件。

1.2.2 Ⅱ级自然灾害事件

出现下列情况之一的为Ⅱ级自然灾害事件：

（1）受灾害威胁，需搬迁转移人数在50人以上、100人以下，或潜在经济损失100万元以上、1000万元以下的灾害险情。

（2）因灾死亡3人以上、10人以下，或因灾造成直接经济损失100万元以上、1000万元以下的灾害灾情。

（3）总公司应急处置能力范围内的自然灾害事件。

1.2.3 Ⅲ级自然灾害事件

出现下列情况之一的为Ⅲ级自然灾害事件：

（1）受灾害威胁，需搬迁转移人数在10人以上、50人以下，或潜在经济损失30万元以上、100万元以下的灾害险情。

（2）因灾死亡3人以下，或因灾造成直接经济损失30万元以上、100万元以下的灾害灾情。

（3）总公司二级单位应急处置能力范围内的自然灾害事件。

1.2.4 Ⅳ级自然灾害事件

出现下列情况之一的为Ⅳ级自然灾害事件：

（1）受灾害威胁，需搬迁转移人数在10人以下，或潜在经济损失30万元以下的灾害险情。

（2）无死亡，或因灾造成直接经济损失30万元以下的灾害灾情。

（3）项目部应急处置能力范围内的自然灾害事件。

1.3　危害程度分析

总公司范围内一旦发生突发自然灾害事件，施工从业人员的生命健康会受到损害，施工财产会受到损失，影响施工生产秩序。

2　组织机构及职责

2.1　组织机构

（1）总公司应急工作委员会（同总公司突发事件综合应急预案）。

（2）应急工作委员会办公室（同总公司突发事件综合应急预案）。

办公室常设工作机构挂靠在建设部门，具体负责应急工作委员会办公室的日常工作。

2.2　职责（同总公司突发事件综合应急预案）

3　预警与信息报告、发布（同总公司突发事件综合应急预案）

4　应急响应

4.1　响应分级

按照本预案1.2突发自然灾害事件分级，总公司突发自然灾害事件的应急响应分为Ⅰ级（总公司）响应、Ⅱ级（二级单位）响应、Ⅲ级（项目部）响应。

4.1.1　Ⅰ级应急响应

发生Ⅰ级或Ⅱ级突发自然灾害事件，由总公司组织实施，在国家或省级应急管理部门统一领导和指挥下，启动总公司应急预案，配合政府应急管理部门开展应急救援工作。

4.1.2　Ⅱ级应急响应

发生Ⅲ级突发自然灾害事件，总公司二级单位启动本单位应急预案开展应急救援处置工作。

4.1.3　Ⅲ级应急响应

发生Ⅳ级突发自然灾害事件，突发自然灾害事件发生单位（项目部）启动本单位应急预案进行处置。

4.2　响应程序

4.2.1　先期处置

突发自然灾害事件发生后，总公司突发自然灾害事件事发二级单位在报告突发事件信息的同时，启动本级应急预案，及时、有效地进行先期处置，控制事态影响扩大。

4.2.2　总公司突发自然灾害事件应急响应程序

（1）总公司接到报告后应立即与突发自然灾害事件事发二级单位联系，掌握事件进展情况，启动本级应急预案。

（2）成立总公司应急指挥部，负责突发自然灾害事件的协调、指挥工作。

（3）及时向政府主管部门等报告突发自然灾害事件基本情况和应急救援的进展情况，根据政府的要求开展应急救援工作。

（4）根据专家建议，通知相关应急救援力量随时待命，为政府应急指挥机构提供技术支持。

（5）总公司应急工作委员会主任或分管建设部门的应急工作委员会副主任立即赶赴现场，负责协调、指挥抢险救援工作。同时派出相关应急救援力量和专家赶赴现场，参加、指导现场应急救援。

5 保障措施（同总公司突发事件综合应急预案）

6 培训与演练（同总公司突发事件综合应急预案）

7 奖惩（同总公司突发事件综合应急预案）

8 附则

8.1 修订（同总公司突发事件综合应急预案）。

8.2 备案

本预案作为总公司突发事件综合应急预案的附件，与总公司突发事件综合应急预案一并报送××备案。

8.3 制订和解释（同总公司突发事件综合应急预案）。

8.4 实施

本预案作为总公司突发事件综合应急预案的附件，自发布之日起实施。

示例三：突发公共卫生事件专项应急预案

××总公司突发公共卫生事件专项应急预案

1 突发公共卫生事件风险分析

1.1 突发公共卫生事件类型

根据总公司工程建设多分布在山区、平原、河流及丘陵地带，由于工地临时设施相对简陋，工作环境与生活条件较差，人员相对聚集，从业人员卫生意识也比较差，总公司范围内极易发生造成健康严重损害的重大传染病、群体性不明原因疾病、重大食物和职业中毒等事件。

1.2 突发公共卫生事件分级

根据突发公共卫生事件暴发、流行情况和危害程度，结合突发事件造成或者可能造成人员发病或死亡的数量、受影响的范围等因素，将总公司突发公共卫生事件分为Ⅰ级、Ⅱ级、Ⅲ级、Ⅳ级。

1.2.1 Ⅰ级突发公共卫生事件

出现下列情况之一的为Ⅰ级突发公共卫生事件：

（1）多个区域发生肺鼠疫、肺炭疽并有进一步扩散趋势；

（2）发生传染性非典型肺炎、人感染高致病性禽流感病例，并有扩散趋势；

（3）多个区域涉及群体性不明原因疾病，并有扩散趋势；

（4）一起食物中毒事件中毒100人以上并出现2人死亡，或出现10人以上死亡的；

（5）国务院政府卫生行政主管部门认定的其他特别重大突发卫生事件。

1.2.2 Ⅱ级突发公共卫生事件

出现下列情况之一的为Ⅱ级突发公共卫生事件：

（1）发生重大医源性感染事件的；

（2）一个区域一个平均潜伏期（6天）内发生5例以上肺鼠疫、肺炭疽病例；

（3）发生传染性非典型肺炎、人感染高致病性禽流感疑似病例；

（4）一个区域发生群体性不明原因疾病，并有扩散趋势；

（5）一起食物中毒事件中毒人数 50 人以上、100 人以下并出现死亡，或出现 5 人以上、10 人以下死亡的；

（6）省级政府卫生行政主管部门认定的其他重大突发公共卫生事件。

1.2.3 Ⅲ级突发公共卫生事件

出现下列情况之一的为Ⅲ级突发公共卫生事件：

（1）发生肺鼠疫、肺炭疽病例，一个平均潜伏期内病例数未超过 5 例；

（2）出现聚焦性传染性非典型肺炎病例的；

（3）在一个区域内发现群体性不明原因疾病；

（4）一起食物中毒事件中毒人数 50 人以上、100 人以下，或出现 3 人以上、5 人以下死亡的；

（5）市地级以上政府卫生行政主管部门认定的其他较大突发公共卫生事件。

1.2.4 Ⅳ级突发公共卫生事件

出现下列情况之一的为Ⅳ级突发公共卫生事件：

（1）出现传染性非典型肺炎；

（2）出现疑似高致病性新流感病例；

（3）出现疑似群体性不明原因疾病；

（4）有证据证明存在或可能存在健康危害的污染食品，已造成严重健康损害后果的；

（5）一起食物中毒事件中毒人数 10 人以下，或出现 3 人以下死亡的；

（6）县级以上地方人民政府卫生行政主管部门认定的其他一般突发公共卫生事件。

1.3 危害程度分析

总公司范围内发生突发公共卫生事件后，从业人员的健康会受到损害，影响施工生产秩序，对社会和谐稳定造成不良影响。

2 组织机构及职责

2.1 组织机构

（1）总公司应急工作委员会（同总公司突发事件综合应急预案）；

（2）应急工作委员会办公室（同总公司突发事件综合应急预案）。

办公室常设工作机构挂靠在党群部门，具体负责应急工作委员会办公室的日常工作。

2.2 职责（同总公司突发事件综合应急预案）

3 预警与信息报告、发布（同总公司突发事件综合应急预案）

4 应急响应

4.1 响应分级按照本预案 1.2 突发公共卫生事件分级，总公司突发公共卫生事件的应急响应分为Ⅰ级（总公司）响应、Ⅱ级（二级单位）响应、Ⅲ级（项目部）响应。

4.1.1 Ⅰ级应急响应

发生Ⅰ级或Ⅱ级突发公共卫生事件，由总公司组织实施，在国家或省级应急管理部门统一领导和指挥下，启动总公司应急预案，配合政府应急管理部门开展应急救援工作。

4.1.2 Ⅱ级应急响应

发生Ⅲ级突发公共卫生事件，总公司二级单位启动本单位应急预案开展应急救援处置工作。

4.1.3　Ⅲ级应急响应

发生Ⅳ级突发公共卫生事件，突发公共卫生事件发生单位（项目部）启动本单位应急预案进行处置。

4.2　响应程序

4.2.1　先期处置

突发公共卫生事件发生后，总公司突发公共卫生事件事发二级单位在报告突发事件信息的同时，启动本级应急预案，及时、有效地进行先期处置，控制事态影响扩大。

4.2.2　总公司突发公共卫生事件应急响应程序

（1）总公司接到报告后应立即与突发公共卫生事件事发二级单位联系，掌握事件进展情况，启动本级应急预案。

（2）成立总公司应急指挥部，负责突发公共卫生事件的协调、指挥工作。

（3）及时向政府主管部门等报告突发公共卫生事件基本情况和应急救援的进展情况，根据政府的要求开展应急救援工作。

（4）根据专家建议，通知相关应急救援力量随时待命，为政府应急指挥机构提供技术支持。

（5）总公司应急工作委员会主任或分管党群部门的应急工作委员会副主任立即赶赴现场，负责协调、指挥抢险救援工作。同时派出相关应急救援力量和专家赶赴现场，参加、指导现场应急救援。

5　保障措施（同总公司突发事件综合应急预案）

6　培训与演练（同总公司突发事件综合应急预案）

7　奖惩（同总公司突发事件综合应急预案）

8　附则

8.1　修订（同总公司突发事件综合应急预案）。

8.2　备案

本预案作为总公司突发事件综合应急预案的附件，与总公司突发事件综合应急预案一并报送××备案。

8.3　制订和解释（同总公司突发事件综合应急预案）。

8.4　实施

本预案作为总公司突发事件综合应急预案的附件，自发布之日起实施。

示例四：突发社会安全事件专项应急预案

××总公司突发社会安全事件专项应急预案

1　突发社会安全事件风险分析

1.1　突发社会安全事件类型

总公司工程建设工程施工多分布在山区、平原、河流及丘陵地带，由于施工点多、线长、面广，地下通信光缆、电力专线、天然气管道穿插施工范围分布较多，农民工从事施工的人数不断增加，流动性强，劳务、工资等纠纷逐渐增多，发生群体性紧急事件的可能性很大。总公司范围内极易发生施工过程中挖断或损毁水电和管线设施、农民工群体性罢工与上访等事件。

1.2　突发社会安全事件分级

根据突发社会安全事件可能造成的社会影响、财产损失及人员伤亡、人员参与、受影响的范围等因素，将总公司突发社会安全事件分为Ⅰ级、Ⅱ级、Ⅲ级、Ⅳ级。

1.2.1　Ⅰ级突发社会安全事件

出现下列情况之一的为Ⅰ级突发社会安全事件：

（1）一起事件伤亡100人以上并出现2人死亡，或出现10人以上死亡的；

（2）100人以上非正常聚集的；

（3）有毁坏公共财物、危害他人人身安全等违法行为，情节特别严重的；

（4）有堵塞交通、围堵政府办公场所等行为，造成特别严重社会影响的；

（5）国务院政府有关部门认定的其他特别重大紧急事件。

1.2.2　Ⅱ级突发社会安全事件

出现下列情况之一的为Ⅱ级突发社会安全事件：

（1）一起事件伤亡人数50人以上、100人以下并出现死亡，或出现5人以上、10人以下死亡的；

（2）60人以上、100人以下非正常聚集的；

（3）有毁坏公共财物、危害他人人身安全等违法行为，情节严重的；

（4）有堵塞交通、围堵政府办公场所等行为，造成严重社会影响的；

（5）省级政府有关部门认定的其他重大紧急事件。

1.2.3　Ⅲ级突发社会安全事件

出现下列情况之一的为Ⅲ级突发社会安全事件：

（1）一起事件受伤人数50人以上、100人以下，或出现3人以上、5人以下死亡的；

（2）30人以上、60人以下的非正常聚集的；

（3）个人极端行为造成较大社会影响的；

（4）有围、堵、打骂等违法违规行为的；

（5）影响工程施工正常生产秩序的；

（6）市地级以上政府有关部门认定的其他较大紧急事件。

1.2.4　Ⅳ级突发社会安全事件

出现下列情况之一的为Ⅳ级突发社会安全事件：

（1）一起事件受伤人数10人以上、50人以下，或出现1人以上、3人以下死亡的；

（2）有证据证明存在或可能存在危害人员安全，且已造成较大影响的；

（3）一起事件受伤人数10人以下，或出现1人以下死亡的；

（4）15人以上、30人以下非正常聚集的；

（5）个人极端行为造成一般性社会影响的；

（6）多次上访劝解无效的；

（7）县级以上地方人民政府有关部门认定的其他一般紧急事件。

1.3　危害程度分析

总公司范围内一旦发生因挖断线路、管道设施与农民工群体性等突发紧急事件，可能会造成人员伤亡、严重经济损失或严重负面影响，影响施工生产秩序，对社会和谐稳定造成不良影响。

2　组织机构及职责

2.1　组织机构

（1）总公司应急工作委员会（同总公司突发事件综合应急预案）。

（2）应急工作委员会办公室（同总公司突发事件综合应急预案）。

办公室常设工作机构挂靠在综合办公室，具体负责应急工作委员会办公室的日常工作。

2.2　职责（同总公司突发事件综合应急预案）。

3　预警与信息报告、发布（同总公司突发事件综合应急预案）

4　应急响应

4.1　响应分级按照本预案1.2事件分级，总公司突发社会安全事件的应急响应分为Ⅰ级（总公司）响应、Ⅱ级（二级单位）响应、Ⅲ级（项目部）响应。

4.1.1　Ⅰ级应急响应

发生Ⅰ级或Ⅱ级突发社会安全事件，由总公司组织实施，在国家或省级应急管理部门统一领导和指挥下，启动总公司应急预案，配合政府应急管理部门开展应急救援工作。

4.1.2　Ⅱ级应急响应

发生Ⅲ级突发社会安全事件，总公司二级单位启动本单位应急预案开展应急救援处置工作。

4.1.3　Ⅲ级应急响应

发生Ⅳ级突发社会安全事件，突发社会安全事件发生单位（项目部）启动本单位应急预案进行处置。

4.2　响应程序

4.2.1　先期处置

突发社会安全事件发生后，总公司突发社会安全事件事发二级单位在报告突发事件信息的同时，启动本级应急预案，及时、有效地进行先期处置，控制事态影响扩大。

4.2.2　总公司突发卫生事件应急响应程序

（1）总公司接到报告后应立即与突发社会安全事件事发二级单位联系，掌握事件进展情况，启动本级应急预案。

（2）成立总公司应急指挥部，负责突发社会安全事件的协调、指挥工作。

（3）及时向政府主管部门等报告突发社会安全事件基本情况和应急救援的进展情况，根据政府的要求开展应急救援工作。

（4）根据专家建议，通知相关应急救援力量随时待命，为政府应急指挥机构提供技术支持。

（5）总公司应急工作委员会主任或分管综合办公室的应急工作委员会副主任立即赶赴现场，负责协调、指挥抢险救援工作。同时派出相关应急救援力量和专家赶赴现场，参加、指导现场应急救援。

5　保障措施（同总公司突发事件综合应急预案）

6　培训与演练（同总公司突发事件综合应急预案）

7　奖惩（同总公司突发事件综合应急预案）

8　附则

8.1　修订（同总公司突发事件综合应急预案）。

8.2　备案

本预案作为总公司突发事件综合应急预案的附件，与总公司突发事件综合应急预案一并报送××备案。

8.3　制订和解释（同总公司突发事件综合应急预案）。

8.4　实施

本预案作为总公司突发事件综合应急预案的附件，自发布之日起实施。

二、建筑施工企业项目部应急预案示例

（一）项目部突发事件综合应急预案

××项目部突发事件综合应急预案

1　总则

1.1　编制目的

积极应对可能发生的×××施工范围内的突发事件，全面提高应对突发事件的应急反应和处置能力，最大限度预防和减少突发事件造成的损害，保障施工安全稳定。

1.2　编制依据

依据《中华人民共和国安全生产法》《建设工程安全生产管理条例》等国家有关法律法规，制订本预案。

1.3　突发事件分类

本预案所称突发事件，是指突然发生，造成或可能造成重大人员伤亡、重大财产损失，影响和威胁工程施工和稳定的有重大影响的紧急事件。施工现场可能发生的突发事件主要包括4类：

（1）自然灾害。主要包括洪水灾害、气象灾害、地质灾害等。

（2）事故灾害。主要指施工现场发生造成重大影响和损失的各类安全事故。

（3）突发卫生事件。主要包括施工现场突然发生，造成或可能造成从业人员健康严重损害的重大传染病疫情、群体性不明原因疾病以及食物中毒、职业中毒等其他严重影响职工群众健康的事件。

（4）突发社会安全事件。主要指规模较大的群体性上访事件等。

1.4　适用范围

本预案适用于×××施工范围发生和可能发生的施工现场各类突发事件的应急处置工作。

1.5　工作原则

（1）以人为本、减少伤害原则。一切从项目施工人员的根本利益出发，把保障从业人员生命财产安全作为应急工作的出发点和落脚点，最大限度地减少突发事件造成的人员伤亡和危害。

（2）预防为主、准备充分原则。做好对突发事件的各项准备，把预防突发事件作为应急工作的中心环节和主要任务，加强预测、预警、预防工作，提高对突发事件全过程的处置能力。

（3）分级负责、依法处置原则。坚持项目应急处置工作分级负责，负责统一指挥突发事件的报告、应对、恢复等处置工作，项目所属场、站和施工协作队伍负责突发事件的先期处置工作。项目施工范围内一切突发事件应急工作都要严格按照有关法律、法规、规章的规定，依法果断处置，严防事态进一步扩大，最大限度地降低突发事件造成的损失和危害。

（4）系统联动、资源整合原则。发生重大突发事件，充分利用和发挥现有资源作用，对已有的各类应急指挥机构、人员、设备、物资、信息、工作方式进行资源整合，保证实现项目部一级的统一指挥和调度。

（5）快速反应、科学应对原则。项目部保证人力、物力、财力的储备，一旦出现危机，确保发现、报告、指挥、处置等环节的紧密衔接、及时应对。

1.6　应急预案体系

×××应急预案体系包括：

（1）综合应急预案。是应对施工现场各类突发事件的规范性和指导性文件。

（2）专项应急预案。主要是针对施工现场某一类型或某几种类型的突发事件而制订的应急预案。

（3）现场处置方案。是针对施工现场具体场所设施等部位而制订的现场应急处置预案。

2　风险描述

2.1　项目工程概况（略）

2.2　风险分析（略）

3　组织机构及职责

3.1　组织机构

项目部成立突发事件应急救援工作领导小组，人员组成如下：

组　长：×××

副组长：×××

成　员：×××　×××

安全环保部为项目部突发事件应急救援领导工作小组常设机构。

领导小组下设抢险救援组、综合协调组、后勤保障组、医疗及善后处理组等突发事件应急救援工作组，保证发生突发事件时能迅速有效地进入应急状态，积极采取措施，防止事态扩大。

3.2　职责分工

（1）应急救援工作领导小组主要职责。

①贯彻落实上级部门对突发事件应急救援工作的批示，采取应急救援具体措施，负责相关情况上报工作。

②负责指挥、协调、组织和指导应急救援工作，协调解决应急救援工作中的重大问题。

③掌握应急救援工作的动态状况，及时调整部署应急工作措施。

（2）应急救援工作组主要职责。

①抢险救援组：组长由现场负责人担任，组员由事发施工区域内的队伍负责人、施工人员组成。职责为负责本施工区域中的突发事件抢险和救援工作。

②综合协调组：组长由协调部门负责人担任，组员由项目协调部门人员、办公室人员、事发施工区域内的现场安全员组成。职责为负责现场警戒，人员疏散，协调上下开展应急救援工作，并做好秩序稳定工作。

③后勤保障组：组长由项目办公室负责人担任，组员由设备物资、办公室等部门人员、事发施工区域内的机料员组成。职责为负责提供现场救援的个人防护装备、所需设备物资和车辆。

④医疗及善后处理组：组长由安全部门负责人担任，组员由事发施工区域的施工员、项目具备一定现场急救知识的人员组成。职责为负责医疗救护、处理突发事件善后事宜。

4　预警监测

4.1　预警

项目部各部门及施工现场要加强预警，提高预警能力，及时发现可能引发突发事件的倾向性、苗头性问题，迅速、准确地作出预测和预警，落实预防措施。

4.2　监测

项目部开展施工现场危险源辨识，进行风险评价，确定重大风险，对重大风险控制建档，降低施工风险。

5　应急响应

5.1　启动标准

出现以下情况，需要多部门救援响应的，启动本预案：

（1）自然灾害突发事件：因自然灾害造成一次死亡3人以上或受伤10人以上，受灾直接经济损失100万元以上；发生5级以上破坏性地震或10年一遇水灾，造成房屋倒塌和人员伤亡，造成严重影响的。

（2）事故灾害：项目施工生产安全事故应急预案规定的Ⅰ级、Ⅱ级施工安全事故。

（3）突发卫生事件：造成或可能造成公众健康严重损害的重大传染病疫情、群体性不明原因疾病，发生项目突发卫生事件应急预案规定Ⅲ级以上疫情的。

（4）突发社会安全事件：发生重大群体事件造成严重社会影响或引起高度关注，虽人数少但影响大、危害程度大的破坏性活动。

突发事件不构成以上危害程度，启动相应专项应急预案和现场处置方案。

5.2　响应程序

（1）信息报告。发生突发事件时，现场事发单位立即将所发生的事件情况报告项目部，项目部按规定将事件及先期处置的情况报告监理、业主、公司及政府有关部门等单位，并及时反馈后续处置情况。

（2）应急响应。项目部接到发生突发事件报告后，应立即启动应急预案，成立现场应急指挥部（突发事件应急救援工作领导小组自动转变为项目部突发事件现场指挥部），组织、协调和指挥救援力量开展现场应急救援工作。

（3）先期处置。突发事件发生后，现场事发单位做好信息报告的同时，要迅速组织力量开展抢险、救助等应急工作，进行现场保护，维持好秩序，控制事态发展，积极做好先期处置，力争将人员伤亡和财产损失降到最低程度。

（4）扩大应急。事发现场应急指挥部要及时、主动向集团公司、分（子）公司派出的相关应急救援力量和专家提供应急救援有关的基础资料，供现场研究救援和处置方案时参考。

（5）应急结束。突发事件应急处置工作结束，危害已经消除，项目应急救援工作领导小组或报上级公司确认应急工作后，宣布应急结束。

6 后期处置

6.1 善后处置

项目部要积极稳妥从快处理突发事件后期遗留问题，恢复生产生活秩序。应当及时按照有关规定，积极做好突发事件造成人员伤亡的善后赔付和保险理赔工作。

6.2 调查总结

项目部对突发事件进行调查取证，及时了解突发事件发生的基本情况。

7 应急保障

7.1 通信与信息保障

采用有线和无线电话相结合，建立与通信部门的良好关系，充分利用先进技术手段，保证紧急情况下的通信联络畅通，保障突发事件信息报送渠道畅通、运转有序。

7.2 应急队伍保障

项目部所属场、站和关键重点部位的施工现场均要成立应急工作小组和兼职应急救援队伍，保障各类应急响应的人力资源。

7.3 经费保障

项目部按照要求建立财务保障制度，用于突发事件处置工作，保障应急状态时项目应急经费的及时到位。

7.4 医疗救护保障

在发生突发事件后，按照"救人高于一切"的原则，运用一切条件开展急救，做好应急处置工作中的人员救护。

7.5 物资保障

建立应急物资设备储备管理制度，确保在突发事件发生后，优先保障应急所需要的救援设备和车辆，做好物资保障工作。

7.6 法制保障

制订并实施安全管理规章制度、车辆管理制度、消防安全管理制度和治安管理制度。加强关键部位、关键场所物资设备的防范保护，尤其在突发事件发生后，项目部要会同事发地公安机关迅速组织应急救援现场治安警戒和治安管理，加强防范保护，确保应急处置工作有序进行。

7.7 应急联动保障

在预测将要发生或已发生重特大突发事件时，请求社会救援，全面提升应对突发事件的处置能力。

7.8 救助保障

充分发挥各方面作用，广泛动员，积极开展互助互济和经常性应急救援捐赠活动。

必要时通过多种途径、多种形式，发动社会捐赠，利用社会资源进行救助，加大社会救助的力度。项目部为施工人员办理意外险，鼓励员工积极参加商业保险。

8　培训与演练

8.1　宣传教育和培训

项目加强避险、自救、减灾等突发事件应急知识的宣传教育和培训，普及应急知识工作，增强项目从业人员预防和应对突发事件的意识和能力，督促引导从业人员积极采取有效的应急防范措施。针对性地对应急管理人员和救援人员进行培训，提高应急处置能力。

8.2　演练

项目结合实际，有计划、有重点地组织演练，演练时可邀业主、监理方、外来救助单位参加；现场应急演练根据实际情况进行，项目部领导、相关部门领导、施工现场人员参加。

9　附则

9.1　定义与解释

（1）本预案所称事发单位，是指施工现场协作单位。

（2）本预案有关数量的表述中，"以上"含本数，"以下"不含本数。

9.2　修订与备案

9.2.1　修订

本预案有下列情况之一的应及时修订：

（1）依据的法律、法规、规章、标准发生重大变化的；

（2）项目部应急指挥机构及其职责发生调整的；

（3）项目面临的风险发生重大变化的；

（4）项目重要应急资源发生重大变化的；

（5）在应急演练和事故应急救援中发现需要修订预案的重大问题的；

（6）项目部认为应当修订的其他情况。

9.2.2　备案

本预案经项目经理签署发布后，报监理方审查，并向建设方、公司、所在地应急管理部门和行业负有安全生产监督管理职责的政府部门备案。

9.3　制订与解释

9.3.1　制订

本预案由项目部组织制订。

9.3.2　解释

本预案由项目部安全部门负责解释。

9.4　实施

本预案自下发之日起实施。

附件：1. 项目突发事件应急救援组织体系框架图

　　　2. 项目突发事件应急处置工作基本流程图

　　　3. 项目突发事件应急救援工作领导小组成员及通信方式

　　　4. 应急工作相关联的单位、人员通信联系电话（医院、相邻标段、监理、建设方、政府有关部门）

5. 抢险救援重要物资装备清单

6. 关键的路线、标志和图纸

7. 相关应急预案名录

8. 有关协议或备忘录（与相关应急救援部门签订的应急支援协议或备忘录。即必要时与地方医疗机构签订急救协议，与消防部门签订救援协议等）

（二）项目部突发事件专项应急预案示例

示例一：施工生产安全事故应急预案

××项目部（合同段）施工生产安全事故应急预案

1　总则

1.1　编制目的

为了防止施工现场安全生产事故发生，完善应急工作机制，提高事故处置快速反应能力，防止次生事故发生，将事故损失降到最低程度，制订本预案。

1.2　编制依据

依据《中华人民共和国安全生产法》《中华人民共和国消防法》《危险化学品安全生产管理条例》《建设工程安全生产管理条例》《公路水运工程安全生产监督管理办法》《湖北省安全生产条例》等有关法律法规和项目突发事件应急预案，制订本预案。

1.3　适用范围

适用于项目施工范围内所发生的各类安全生产事故的应急工作。

1.4　工作原则

（1）以人为本、安全第一原则。

（2）预防为主、综合治理原则。

（3）统一指挥、分级响应原则。

（4）项目自救和社会救援原则。

1.5　事故分级

依据国家有关规定，结合项目施工过程中可能发生的事故的性质、严重程度、可控性和影响范围等因素，项目事故进行以下分级：Ⅰ级、Ⅱ级、Ⅲ级、Ⅳ级。

1.5.1　Ⅰ级施工安全事故

一次造成死亡 3 人以上，或重伤 10 人以上，或直接经济损失 100 万元以上。

1.5.2　Ⅱ级施工安全事故

一次造成死亡 3 人以下，或重伤 3 人以上、10 人以下，或直接经济损失 500 万元以上、1000 万元以下。

1.5.3　Ⅲ级施工安全事故

一次造成重伤 3 人以下，或直接经济损失 50 万元以上、500 万元以下。

1.5.4　Ⅳ级施工安全事故

未发生重伤，或直接经济损失 50 万元以下。

2　风险描述

项目工程施工属高危作业，施工线长、点多、工种复杂，施工受自然因素及外界干扰的影响大。施工可能受到地质条件及气候冷暖、洪水、雨雪等自然灾害影响；工程与很多道路沿线的村民接触，由于各种原因经常受到其阻工干扰；高空作业和临时设施等存在众多不安全因素。具体讲，主要是：

①工程施工桥梁比重大。工程主线桥梁××座，其中特大桥××座，大桥××座，分离式立交桥××座。

②跨线施工点多。施工区域跨××国道和××省道，跨线桥施工既要严格控制施工安全，又要保持畅通，故必须加大投入，采取强有力措施，确保净空、净宽高度，支撑牢固，防护措施齐全，防止施工物体坠落影响行车安全，又要严格按要求设置各种标志标牌、导流设施、防撞措施、限速设施。

③施工区域周边环境复杂。施工区域附近分布有学校，须采取隔离措施，防止安全突发事件发生。施工区域地处乡村，村庄密集，村级公路横穿施工地段，交通管制与治安工作管理难度大，施工环境十分复杂。

大量一线作业人员都是短期劳动雇佣关系，安全知识缺乏、安全意识淡薄，人员流动性大，虽经过项目部安全教育培训，仍存在一些不安全行为。施工管理人员的安全意识也有待提高。

施工周期长，施工面积大，露天作业影响，施工人员变化等，可能造成施工设备设施安装不当、维护不到位、使用不正确的现象。部分安全生产事故多发于设备设施故障及错误使用。

根据从事工程的项目特点和危险性分析，项目施工生产过程中可能发生造成人员伤亡、财产损失和造成重大影响的事故，主要包括触电、高处坠落、物体打击、机械伤害、坍塌、爆炸、火灾等。

3　组织机构及职责

3.1　组织机构（同项目突发事件应急救援领导小组）。

3.2　职责分工（同项目突发事件应急救援领导小组）。

4　信息报告与发布

4.1　信息报告

（1）事故发生时，事故现场有关人员必须立即迅速报告项目应急指挥机构办公室。报告应包括以下内容：事故发生时间、类别、部位以及事故现场情况等。根据事故性质，项目部按照国家规定的程序和时限，及时向公司、监理方、建设方及政府应急管理局等有关部门报告。

（2）应急指挥机构办公室值班人员接到报告后，立即向应急救援指挥机构总指挥报告。

4.2　信息发布

（1）发生事故后，项目部在公司的领导下做好对外新闻报道和舆论引导等工作，统一对外进行信息发布。

（2）项目部应急工作领导小组授权综合办统一对外发布事故应急信息。

5　应急响应

5.1　响应分级

按施工生产安全事故的可控性、严重程度和影响范围，应急响应级别分为Ⅰ级、Ⅱ级、Ⅲ级。

5.1.1 Ⅰ级应急响应

本预案规定的Ⅰ级、Ⅱ级施工安全事故。

5.1.2 Ⅱ级应急响应

本预案规定的Ⅲ级施工安全事故。

5.1.3 Ⅲ级应急响应

本预案规定的Ⅳ级施工安全事故。

5.2 响应程序

5.2.1 响应流程

项目部应急响应的流程为接警、警情判断、应急启动、控制及应急行动、扩大应急、应急终止和后期处置。

5.2.2 响应启动

（1）Ⅰ级应急响应启动。发生Ⅰ级、Ⅱ级施工安全事故，接到报告后启动项目本预案，由项目部立即上报公司，公司接到事故报告后立即启动公司级应急预案。

（2）Ⅱ级应急响应启动。发生Ⅲ级施工安全事故，接到报告后启动项目本预案，项目部向公司报告。

（3）Ⅲ级应急响应启动。发生Ⅳ级施工安全事故，由项目部启动现场处置方案。

无论是启动哪一级应急响应，必须保证首先启动现场处置方案。

5.3 处置措施

5.3.1 召集、调动应急力量

（1）现场指挥部按本预案确立的基本原则迅速组织应急力量进行应急抢救，并与各应急救援组保持通信畅通。

（2）应急救援状态下，项目部实行总动员，项目部任何部门和个人都负有参加抢险救援的责任，有关人员接到抢险救援指挥部召集令后，必须在指定时间内尽快赶赴指定地点报到；项目部有关人员取消节假日，作息时间视抢险救援需要而定。

（3）抢险救援过程中，需紧急调用的物资、设备、人员和可用场地，项目部任何部门和个人都不得阻挡或拒绝。

5.3.2 现场处置

（1）先期处置。项目部应急救援人员到达事发现场前，事发单位现场人员必须组织先期处置，对事发现场周边进行警戒封闭，疏散现场人员至安全地带，保护事故现场，进行现场初步抢险，救护伤员和保护财产。

（2）现场救援。项目部应急救援人员到达现场后，事发单位现场人员配合项目部应急救援人员，并迅速采取必要措施抢救人员和财产，防止事故进一步扩大。因抢救伤员、防止事故扩大以及疏通交通等原因需要移动现场时，必须及时做出标志，并拍照、详细记录和绘制事故现场图，并妥善保存现场重要痕迹、物证等。

（3）扩大应急。当现场现有应急救援力量和资源不能满足抢救行动要求，事故有进一步扩大等紧急情况出现时，启动扩大应急程序，请求社会救援。当社会专业救援力量赶到现场后，协助社会专业救援队实施救援。

5.4 应急结束

事故现场得以控制，现场人员全部安全撤离，消除导致次生、衍生事故隐患，经项目应急救援指挥部批准后，应急结束。

6　后期处置

6.1　恢复秩序

事故现场应急结束后，采取措施消除事故处置后可能存在的安全隐患、污染物处理等，尽快恢复施工生产、生活秩序。

6.2　善后处置

应当及时按照有关规定，积极做好事故造成人员伤亡的善后赔付、保险理赔工作。

6.3　总结上报

整理归档项目应急材料，形成施工事故应急工作总结，按规定上报公司。

7　保障措施

7.1　通信与信息保障

项目应急人员手机 24 小时开机，定期维护联系方式，保证紧急情况下的通信联络畅通。

7.2　应急队伍保障

项目建立以施工现场从业人员为主的兼职应急救援队伍，由项目安全部门负责领导，定期进行培训和日常训练。保证应急救援人员在第一时间能确定到达事故现场，组织现场应急救援，开展先期处置工作。必要时请求专业救援及社会支持保障力量进行抢险救援。

7.3　物资保障

针对项目特点和风险类型，配备足够数量的应急处置所需的各类工程抢险装备、器材和应急物资，并做好日常维修保养，满足应急救援需要。

7.4　经费保障

项目部制订安全经费保障制度，安全经费专款专用，用于安全生产事故应急处置工作，保障项目安全生产事故应急经费的及时到位。

8　培训与演练

8.1　培训

（1）加强应急预案和应急知识培训，提高从业人员的应急意识，熟悉应急职责和救援程序，提升施工现场应急处置能力。

（2）根据自身实际情况，对项目抢险救援人员进行定期培训，使其了解安全救护常识，熟悉抢险救援器材、设备的性能和使用方法，掌握抢险救援行动的技能、方法、注意事项、常见故障的处理和维护保养要求等，提高自救和救援能力。

8.2　演练

每年根据施工情况组织现场安全应急演练，检验指挥系统、现场抢救、疏散、应急响应，完善事故应急预案，增强现场实战能力。

示例二：突发卫生事件应急预案

××项目部（合同段）突发卫生事件应急预案

1　总则

1.1　编制目的

为及时、高效、妥善处置发生在项目施工生产范围内的突发卫生事件，有效应对并及时控制突发卫生事件的危害，避免和减少人员伤亡，防止事态进一步扩散，维护正常的施工生产秩序，制订本预案。

1.2　编制依据

依据《中华人民共和国传染病防治法》《中华人民共和国传染病防治法实施办法》《中华人民共和国食品安全法》《建设工程安全生产管理条例》《公路水运工程安全生产监督管理办法》等有关法律法规和国务院《突发公共卫生事件应急条例》、项目突发事件应急预案，制订本预案。

1.3　适用范围

本预案适用于项目施工过程中发生的突发卫生事件的应急救援和处置工作。

1.4　应急工作原则

（1）坚持"以人为本、预防为主"原则。

（2）坚持"响应及时、快速处置"原则。

（3）坚持"项目自救和外来救援相结合"原则。

1.5　突发职业卫生事件分类

根据项目施工过程中突发卫生事件的性质、造成或者可能造成人员发病或死亡的数量、受影响的范围，将项目突发卫生事件划分为重大（Ⅰ级、Ⅱ级、Ⅲ级）和一般（Ⅳ级）两个级别。

（1）重大突发卫生事件。

①Ⅰ级突发卫生事件：一次发病或中毒人数超过100人并出现死亡病例，或出现10例及以上死亡病例。

②Ⅱ级突发卫生事件：一次发病或中毒人数50以上、100人以下，并出现死亡病例，或出现3例～10例死亡病例。

③Ⅲ级突发卫生事件：一次发病或中毒人数10人以上、50人以下，或出现1例～3例死亡病例。

（2）一般突发卫生事件：Ⅲ级以下突发卫生事件，一次发病人数1人以上、10人以下，但无死亡病例报告。

2　风险描述

通过对施工危险因素的辨识和评价可知，由于工地临时设施相对简陋，工作环境与生活条件较差，人员相对聚集，从业人员卫生安全意识也比较差，存在的职业危害因素很多，易发生突发卫生事件，一旦发生突发卫生事件，可能会造成较严重的人员伤亡。

根据从事工程的项目特点和危险性分析，结合突发卫生事件对人体的伤害方式，项目施工生产范围内可能发生造成人员伤亡和造成重大影响的事件主要包括：①食物中毒；②粉尘、一氧化碳中毒或窒息等职业中毒；③中暑；④急性传染病。

3　组织机构及职责

3.1　组织机构（同项目突发事件应急救援领导小组）。

3.2　职责分工（同项目突发事件应急救援领导小组）。

4　预警与信息报告

4.1　预警

项目部接到施工生产范围内可能导致突发卫生事件灾害的信息后，要及时研究应对方案，采取相应整改措施，预防事件发生。

4.2 信息报告与处置

4.2.1 信息报告

①事件发生时，事件现场有关人员必须立即迅速报告项目应急指挥机构（应急救援指挥部）。报告应包括以下内容：事件发生时间、类别、地点和相关设施；联系人姓名和电话等。

②应急救援指挥部值班人员接警后，立即向应急救援指挥部总指挥、副总指挥报告。

4.2.2 信息上报

①事件信息上报采取分级上报原则。

②信息上报内容包括：单位发生事件概况；事件发生时间、部位以及事件现场情况；事件的简要经过；事件已经造成的伤亡人数和初步估计直接经济损失；已经采取的措施等。

③根据事件性质，项目部按照国家规定的程序和时限，及时向监理方、建设方及政府卫生等有关部门报告。

5 应急响应

5.1 响应分级

按突发卫生事件的可控性、严重程度和影响范围，应急响应级别分为Ⅰ级、Ⅱ级、Ⅲ级。

5.1.1 Ⅰ级应急响应

（1）一次发病或中毒人数50人以上，或出现死亡病例3人以上的事件，即本预案规定的Ⅰ级、Ⅱ级重大突发卫生事件。

（2）需要启动Ⅰ级应急响应的其他卫生事件。

5.1.2 Ⅱ级应急响应

（1）一次发病或中毒人数10人以上、50人以下，或出现3人以下死亡病例的事件，即本预案规定的Ⅲ级重大突发卫生事件。

（2）发生与突发卫生有关的、造成恶劣社会影响的事件。

（3）需要启动Ⅱ级应急响应的其他事件。

5.1.3 Ⅲ级应急响应

一次发病或中毒人数1人以上、10人以下，但无死亡病例报告的事件，即本预案规定的一般突发卫生事件。

5.2 响应程序

5.2.1 响应流程

项目部应急响应的流程为接警、警情判断、应急启动、控制及应急行动、扩大应急、应急终止和后期处置。

5.2.2 响应行动

（1）Ⅰ级应急响应行动。

①发生Ⅰ级和Ⅱ级事件或险情启动项目突发事件应急预案，由项目部立即上报集团公司，集团公司接到事件报告后立即启动公司级应急预案。组建公司级应急救援小组，

就重大应急事项作出决策并上报上级管理部门。

②公司级应急救援小组赶赴现场参加和指导现场应急抢险救援。

③当救援困难，事件有进一步扩大等紧急情况出现时，启动扩大应急程序，请求社会救援。

（2）Ⅱ级应急响应行动。发生Ⅲ级事件或险情时，由项目部启动本预案和相应专项预案，采取相应措施，消除事件影响。向公司报告事件救援进展情况。

5.3 处置措施

（1）事件发生时，必须保护现场，对危险地区周边进行警戒封闭，按本预案营救、急救伤员。当现场现有应急救援力量和资源不能满足抢救行动要求时，及时向外来救援单位报告请求支援。

（2）事件发生初期，事件发生单位要严格保护事件现场，并迅速采取必要措施抢救人员和财产，防止事件进一步扩大。因抢救伤员、防止事件扩大以及疏通交通等原因需要移动现场时，必须及时做出标志，并拍照、详细记录和绘制事件现场图，并妥善保存现场重要痕迹、物证等。

（3）项目部指挥人员到达现场后，立即了解现场情况及事件的性质，确定警戒区域和事件应急救援具体实施方案，并协助各专业救援队实施救援。

5.4 应急结束

当社会救援赶到现场，事件现场得以控制，现场人员全部安全撤离，消除导致次生、衍生事件隐患，经项目应急救援指挥部批准后，应急结束。

应急结束后，将事件情况上报；按规定时间提交事件调查报告和事件应急工作总结报告。

6 后期处置

（1）事件现场应急结束后，立即进行现场处理，恢复施工生产秩序。

（2）应当及时按照有关规定，积极做好突发事件造成人员伤亡的善后赔付和保险理赔工作。

（3）做好事件调查，开展抢险过程应急能力评估和应急预案的修订工作。

7 保障措施

7.1 通信与信息保障

应急救援指挥部成员电话 24 小时开机。值班室明示应急组织通信联系人及电话等。

7.2 应急队伍保障

应急抢险救援分队由项目部所属场、站及协作队伍人员组成，由项目安全环保部负责领导，定期进行培训和演练。

7.3 物资保障

配备必要的应急救援器材、设备及抢险救援物资，满足应急之需。

7.4 其他保障

7.4.1 运输工具保障

项目部应急领导小组应日常备用一辆应急交通运输车辆（××），并留好司机手机号码，一旦应急事件发生，通知司机速回。

7.4.2　经费保障

项目部制订安全经费保障制度，安全经费专款专用，用于安全生产事件应急处置工作，保障项目安全生产事件应急经费的及时到位。

8　培训与演练

8.1　培训

根据自身实际情况，对项目抢险救援人员进行定期培训，使其了解救护常识，熟悉抢险救援器材、设备的性能和使用方法，掌握抢险救援行动的技能、方法、注意事项、常见故障的处理和维护保养要求等，提高自救和救援能力。

8.2　演练

（1）每年根据施工情况组织模拟突发事件桌面或现场安全应急演练，检验指挥系统、现场抢救、疏散、救援响应能力。

（2）各应急组成员必须熟悉各自的职责，做到动作快、技术精、作风硬。根据实际演练情况，查找不足，总结经验，不断完善事件应急预案。

（3）演练结束后对演练进行评估及总结，及时修正及弥补突发卫生事件应急救援过程中的缺陷。

示例三：突发自然灾害事件应急预案

××项目部（合同段）突发自然灾害事件应急预案

1　总则

1.1　编制目的

为及时、高效、妥善处置发生在项目施工生产范围内的突发自然灾害事件，增强应对和抵御自然灾害突发事件的能力，有效应对并及时控制突发自然灾害事件的危害，避免和减少人员伤亡，防止事态进一步扩散，维护正常的施工生产秩序，制订本预案。

1.2　编制依据

依据《中华人民共和国防洪法》《中华人民共和国防震减灾法》《破坏性地震应急条例》《地质灾害防治条例》等有关法律法规和项目突发事件应急预案，制订本预案。

1.3　适用范围

本预案所称突发自然灾害事件指由于突然发生洪汛、气象、地震、地质等自然灾害，造成或可能造成项目施工范围内人员伤亡和财产损失的紧急事件。

本预案适用于项目施工过程中发生的突发自然灾害事件的应急救援和处置工作。

1.4　应急工作原则

（1）坚持"以人为本、预防为主"原则。

（2）坚持"响应及时、快速处置"原则。

（3）坚持"项目自救和外来救援相结合"原则。

1.5　自然灾害事件分级

根据项目施工过程中突发自然灾害事件的性质、造成或者可能造成的危害程度、受影响的范围，将项目突发自然灾害事件划分为Ⅰ级、Ⅱ级、Ⅲ级三个级别。

Ⅲ级：一般自然灾害突发事件，是指突然发生，对项目施工财产、生产、工作和生活秩序造成一定影响的紧急事件。

Ⅱ级：较大自然灾害突发事件，是指突然发生，对项目施工财产、生产、工作和生活秩序造成比较大的影响的紧急事件。

Ⅰ级：重大自然灾害突发事件，是指突然发生，事态非常严重，对项目施工财产、生产、工作和生活秩序造成严重影响，带来严重危害，已经或可能造成重特大人员伤亡、财产损失或重大生态环境破坏，产生重大社会影响的紧急事件。

2 风险描述

通过对施工危险因素的辨识和评价可知，由于施工现场环境复杂，存在的自然灾害危害因素很多，易发生突发自然灾害事件，一旦发生突发自然灾害事件，可能会造成项目工期延误，影响施工生产经营活动的正常进行。

3 组织机构及职责

3.1 组织机构（同项目突发事件应急救援领导小组）。

3.2 职责分工（同项目突发事件应急救援领导小组）。

4 预警与信息报告

4.1 预警

项目部平时及时收集气象、地质、地震等灾害预报部门发出的预警信息，分析灾害可能对项目施工生产造成的危害，做好提前应对。接到施工生产范围内可能导致突发自然灾害事件的信息后，要及时研究应对方案，做到早报告、早控制、早解决，预防事件发生。

4.2 信息报告与处置

①事件信息上报采取分级上报原则。

②信息上报内容包括：单位发生事件概况；事件发生时间、部位以及事件现场情况；事件的简要经过；事件初步估计直接经济损失；已经采取的措施等。

③根据事件的可控性、严重程度和影响范围，项目部按照国家规定的程序和时限，及时向监理方、建设方、公司和政府有关部门报告。

5 应急响应

5.1 响应分级

按突发自然灾害事件的可控性、严重程度和影响范围，应急响应级别分为Ⅰ级、Ⅱ级、Ⅲ级。

5.1.1 Ⅰ级应急响应

（1）重大群体性突发事件，即本预案规定的Ⅰ级突发自然灾害事件；

（2）需要启动Ⅰ级应急响应的其他自然灾害事件。

5.1.2 Ⅱ级应急响应

（1）较大自然灾害突发事件，即本预案规定的Ⅱ级突发自然灾害事件；

（2）需要启动Ⅱ级应急响应的其他自然灾害事件。

5.1.3 Ⅲ级应急响应

一般自然灾害突发事件，即本预案规定的Ⅲ级突发自然灾害事件。

5.2 响应行动

（1）Ⅰ级应急响应行动。

①发生Ⅰ级和Ⅱ级事件或险情启动项目突发事件应急预案，由项目部立即上报集团公司，集团公司接到事件报告后立即启动公司级应急预案。组建公司级应急救援小组，就重大应急事项作出决策并上报上级管理部门。

②公司级应急救援小组赶赴现场参加和指导现场应急。

③当事件有进一步扩大等紧急情况出现时，启动扩大应急程序，请求社会援助。

（2）Ⅱ级应急响应行动。发生Ⅱ级和Ⅲ级事件或险情时，由项目部启动本预案和相应专项预案，采取相应措施，消除事件影响。向公司报告事件进展情况。

5.3 处置措施

（1）项目部接到突发自然灾害事件报告或接警后，立即调集应急救援人员赶赴现场，开展应急救援工作。

（2）事故发生时，必须保护现场，对危险地区周边进行警戒封闭，做好现场疏散工作，按本预案营救、急救伤员和保护财产。当现场现有应急救援力量和资源不能满足抢救行动要求时，及时向外来救援单位报告请求支援。

（3）事故发生初期，事故发生单位要严格保护事故现场，并迅速采取必要措施抢救人员和财产，防止事故进一步扩大。因抢救伤员、防止事故扩大以及疏通交通等原因需要移动现场时，必须及时做出标志，并拍照、详细记录和绘制事故现场图，并妥善保存现场重要痕迹、物证等。

（4）项目部指挥人员到达现场后，立即了解现场情况及事故的性质，确定警戒区域和事故应急救援具体实施方案，并协助各专业救援队实施救援。

5.4 应急结束

当事件现场得以控制，现场人员全部安全撤离，消除导致次生、衍生事件隐患，经项目应急救援指挥部批准后，应急结束。

应急结束后，将事件情况上报；按规定时间提交事件调查报告和事件应急工作总结报告。

6 后期处置

（1）事件现场应急结束后，立即进行现场清理，恢复施工生产秩序。

（2）应当及时按照有关规定，积极做好突发事件造成人员伤亡和财产损失的善后赔付和保险理赔工作。

（3）做好事件调查，开展抢险过程应急能力评估和应急预案的修订工作。

7 保障措施

7.1 通信与信息保障

应急组织机构成员电话24小时开机。值班室明示应急组织通信联系人及电话等。

7.2 应急队伍保障

应急抢险救援人员由项目部所属场、站及协作队伍人员组成，由项目安全环保部负责领导，定期进行培训和演练。

7.3 物资保障

配备必要的应急救援器材、设备及抢险救援物资，满足应急之需。

7.4 运输工具保障

项目部应急领导小组应日常备用一辆应急交通运输车辆（××），并留好司机手机号码，一旦应急事件发生，通知司机速回。

7.5 经费保障。

项目部制订财务保障制度，用于突发自然灾害事件应急处置工作，保障事件应急经费的及时到位。

8 培训与演练

8.1 培训

根据自身实际情况，对项目抢险救援人员进行定期培训，使其了解安全救护常识，熟悉抢险救援器材、设备的性能和使用方法，掌握抢险救援行动的技能、方法、注意事项、常见故障的处理和维护保养要求等，提高自救和救援能力。

8.2 演练

（1）每年根据施工情况组织模拟突发自然灾害事件现场应急演练，检验指挥系统、现场抢救、疏散、救援响应能力。

（2）各应急组成员必须熟悉各自的职责，做到动作快、技术精、作风硬。根据实际演练情况，查找不足，总结经验，不断完善突发自然灾害事件应急预案。

（3）演练结束后对演练进行评估及总结，及时修正及弥补突发自然灾害事件应急救援过程中的缺陷。

示例四：突发群体性事件应急预案

××项目部（合同段）突发群体性事件应急预案

1 总则

1.1 编制目的

为及时、高效、妥善处置发生在项目施工生产范围内的突发群体性事件，有效应对并及时控制突发群体性事件的危害，避免和减少人员伤亡，防止事态进一步扩散，维护正常的施工生产秩序，制订本预案。

1.2 编制依据

依据《中华人民共和国治安管理处罚法》《中华人民共和国突发事件应对法》《信访工作条例》《建设工程安全生产管理条例》《公路水运工程安全生产监督管理办法》等有关法律法规和项目突发事件应急预案，制订本预案。

1.3 适用范围

本预案适用于项目施工过程中发生的突发群体性事件的应急救援和处置工作。

1.4 应急工作原则

（1）坚持"以人为本、预防为主"原则。

（2）坚持"响应及时、快速处置"原则。

（3）坚持"项目自救和外来救援相结合"原则。

1.5 事件分级

根据项目施工过程中突发群体性事件的性质、造成或者可能造成的危害程度、受影响的范围，将项目突发群体性事件划分为Ⅰ级、Ⅱ级、Ⅲ级、Ⅳ级四个级别。

Ⅳ级：一般群体性突发事件，是指在重点或敏感区域发生的，聚集 10 人以下，情绪相对稳定，尚未出现过激行为的事件。

Ⅲ级：较大群体性突发事件，是指聚集 10 人～30 人，情绪激动，个别人出现过激行为，情况可能恶化的事件。

Ⅱ级：重大群体性突发事件，是指聚集 30 人～50 人，情绪异常激动，少数人出现过激行为，可能滋事，局势难以控制的事件。

Ⅰ级：特别重大群体性突发事件，是指聚集 50 人以上，部分人员情绪激动，聚集欲游行，局势急剧恶化，极有可能酿成严重后果的事件。

2 风险描述

通过对施工危险因素的辨识和评价可知，由于施工现场环境复杂，地下管线分布较多，外部劳务从业人员多，人员相对聚集，存在的群体性危害因素很多，易发生突发群体性事件。一旦发生突发群体性事件，可能会造成项目工期延误，影响施工生产经营活动的正常进行；严重的群体事件可能危害人民群众生命财产、扰乱社会治安秩序及造成重大社会影响。

根据从事工程的项目特点和危险性分析，结合突发群体性事件的伤害方式，项目施工生产范围内可能发生造成人员伤亡和造成重大影响的事件主要包括两种：①外部因素引发的群体性事件：外部劳务因劳资纠纷或其他原因引发的群体性事件；聚众阻挠工程建设施工的；罢工、违法聚众上访、请愿；施工过程中因挖断天然气管道、通信光缆、挖出文物哄抢等引起的群体活动或行为。②内部引发群体事件：内部施工从业人员因政策性原因引发的上访等群体活动或行为。

3 应急组织机构及职责

3.1 组织机构

项目突发事件应急救援领导小组下设突发群体性事件应急处置工作办公室，成员由各部门负责人组成。

3.2 职责

应急处置工作办公室负责项目施工范围内突发群体性事件的具体应急处置工作。

4 预警与信息报告

4.1 预警

项目部接到施工生产范围内可能导致突发群体性事件的信息后，要及时研究应对方案，做到早报告、早控制、早解决，预防事件发生。

4.2 信息报告与处置

①事件信息上报采取分级上报原则。

②信息上报内容包括：单位发生事件概况；事件发生时间、部位以及事件现场情况；事件的简要经过；事件初步估计直接经济损失；已经采取的措施等。

③根据事件的可控性、严重程度和影响范围，项目部按照国家规定的程序和时限，及时向监理方、建设方公司及天然气管道、通信方和政府公安等有关部门报告。

5 应急响应

5.1 响应分级

按突发群体性事件的可控性、严重程度和影响范围，应急响应级别分为Ⅰ级、Ⅱ

级、Ⅲ级。

5.1.1　Ⅰ级应急响应

（1）重特大群体性突发事件，即本预案规定的Ⅰ级、Ⅱ级重大突发群体性事件；

（2）需要启动Ⅰ级应急响应的其他群体性事件。

5.1.2　Ⅱ级应急响应

（1）较大群体性突发事件，即本预案规定的Ⅲ级突发群体性事件；

（2）需要启动Ⅱ级应急响应的其他群体性事件。

5.1.3　Ⅲ级应急响应

一般群体性突发事件，即本预案规定的Ⅳ级突发群体性事件。

5.2　响应行动

（1）Ⅰ级应急响应行动。

①发生Ⅰ级和Ⅱ级事件或险情启动项目突发事件应急预案，由项目部立即上报集团公司，集团公司接到事件报告后立即启动公司级应急预案。组建公司级应急救援小组，就重大应急事项作出决策并上报上级管理部门。

②公司级应急救援小组赶赴现场参加和指导现场应急。

③当事件有进一步扩大等紧急情况出现时，启动扩大应急程序，请求社会援助。

（2）Ⅱ级应急响应行动。发生Ⅲ级和Ⅳ级事件或险情时，由项目部启动本预案和相应专项预案，采取相应措施，消除事件影响。向公司报告事件进展情况。

5.3　处置措施

（1）项目部接到突发群体性事件报告或接警后，立即调集应急处置人员立即赶赴现场，开展应急处置工作。

（2）尽快控制事态发展。事件发生初期，处置人员要做好政策宣传和说服教育，稳定情绪，疏导与化解矛盾和冲突，控制事态发展，防止事态进一步扩大。

（3）做好跟踪反馈。加强工作协调，随时跟踪事态发展，抓好应急处置落实，并将处置情况及时反馈、上报。

5.4　应急结束

当事件现场得以控制，现场人员全部安全撤离，消除导致次生、衍生事件隐患，经项目应急救援指挥部批准后，应急结束。

应急结束后，将事件情况上报；按规定时间提交事件调查报告和事件应急工作总结报告。

6　后期处置

（1）事件现场应急结束后，立即恢复施工生产秩序。

（2）应当及时按照有关规定，积极做好突发事件造成人员伤亡和财产损失的善后赔付和保险理赔工作。

（3）做好事件调查，开展抢险过程应急能力评估和应急预案的修订工作。

7　保障措施

7.1　通信与信息保障

应急工作组成员电话 24 小时开机。值班室明示应急组织通信联系人及电话等。

7.2　运输工具保障

项目部应急领导小组应日常备用一辆应急交通运输车辆（××），并留好司机手机号码，一旦应急事件发生，通知司机速回。

7.3　经费保障

项目部制订财务保障制度，用于突发群体性事件应急处置工作，保障事件应急经费的及时到位。

8　培训与演练

8.1　培训

根据自身实际情况，对项目应急处置人员进行定期培训，使其了解相关法律法规、政策，掌握应急处置的技能、方法、注意事项等，提高处置能力。

8.2　演练

（1）每年根据施工情况组织模拟突发事件桌面应急演练，检验现场处置能力。

（2）根据实际演练情况，查找不足，总结经验，不断完善事件应急预案。

（3）演练结束后对演练进行评估及总结，及时修正及弥补突发群体性事件应急过程中的缺陷。

三、建筑施工企业施工现场处置方案示例

（一）危险性较大场所现场处置方案示例

××××高速公路跨××国道支架现浇箱梁施工现场处置方案

1　总则

1.1　编制目的

为了防止支架现浇箱梁施工现场安全生产事故发生，完善现场应急工作机制，提高现场事故处置快速反应能力，防止次生事故发生，将现场事故损失降到最低程度，制订本预案。

1.2　工程概况

××××高速公路跨国道支架现浇箱梁施工工程概况（略）

2　事故特征

2.1　危险性分析

（1）现浇箱梁施工点多、工种复杂，高空作业、交叉作业活动多，施工受自然因素及外界干扰的影响大。

（2）施工可能受到气候冷暖、洪水、雨雪、高温等自然灾害影响。

（3）工程与地方国道交叉，社会车辆车速过快，边施工边通行，施工环境复杂，现场存在众多不安全因素。××××高速公路跨国道支架现浇箱梁施工过程中一旦发生事故，其伤害程度一般都是重伤或死亡。

2.2　事故类型

根据×××跨国道现浇箱梁施工特点，施工过程中可能发生造成人员伤亡、财产损失和造成重大影响的事故，主要包括触电、高处坠落、物体打击、灼烫、机械伤害、支架坍塌、火灾、车辆伤害、交通事故、起重伤害、中暑等事故。

2.3 事故发生的地点或区域

根据×××跨线桥施工特点，事故主要发生在施工中使用手持电动工具、施工机械、电焊作业，以及钢筋、模板制作安装拆除、混凝土浇注、施工照明、起重吊装、支架安装拆除等作业地点和区域。

2.4 事故前可能出现的征兆

2.4.1 施工人员的危险性

（1）高处作业时违章作业，未规范设计搭设脚手架；违反劳动纪律，未佩戴安全帽，不系安全带或者不正确使用安全带，穿硬底鞋；施工的工具未放置在工具袋内或违规直接向下抛工具或材料等。

（2）施工人员患有高血压、心脏病、癫痫病、恐高症等，或生理存在缺陷，年龄偏大，从事高处作业。

（3）施工现场机械设备检修不及时，经常带病工作，或者施工人员操作不当等。

（4）施工人员在操作电气作业时，因为操作不当或者电气未及时检修有漏电情形等。

2.4.2 施工作业环境的危险性

（1）作业环境不良，施工作业使用的施工平台等遇到恶劣气候，如大风、大雾、雷电暴雨等。

（2）施工作业中，因立体交叉作业，脚手架、平台、梯子被施工的起重物体等突然撞击。

（3）施工现场地面积水、湿滑，油污污染严重；高处从事电气焊作业时，周围环境未处理或交叉作业，物料泄漏。

2.4.3 施工设备材料的危险性

（1）使用的施工平台栏杆等防护设施、梯子有缺陷；吊具绳索老化、锈蚀断丝等。

（2）施工的安全带、安全网、安全帽等防护用品有缺陷。

（3）施工作业过程中，现场设备材料堆放混乱，杂乱无章，施工所使用的材料未固定好等。

2.4.4 施工管理的危险性

（1）在作业过程中，临边防护栏杆或安全设施等防护措施未落实，现场监护不到位，施工场地周围未设置警戒等。

（2）施工组织不合理，施工方案措施不具体，施工协调不统一、指挥违章等。

（3）安全教育培训、安全技术交底不到位，未组织进场人员岗前教育等。

3 应急组织机构及职责

3.1 组织机构

为加强施工过程中事故现场处置，成立现场应急处置小组，成员如下：

组长：×××项目部分管负责人

副组长：×××项目部现场负责人

成员：现场安全员、施工员、协作队伍现场负责人

成立现场应急处置救援队，由协作队伍现场负责人任队长，专（兼）职安全员任副队长，队伍技术员、班组长、作业人员为成员。

3.2　职责

组长：负责施工过程中事故现场处置的具体实施和组织工作，及时向项目部应急工作领导小组（指挥小组）报告抢险进展情况。

副组长：协助组长组织人员进行现场处置。

安全员：进行人员疏散、现场警戒，维持现场秩序。

施工员：负责对外求助联系，协助现场应急处置救援人员开展救援。

现场应急处置救援队：伤害发生时，进行紧急处置，并对伤者进行现场急救，将伤者紧急送往医院或陪同医疗机构送往医院治疗抢救。

4　应急处置

4.1　现场处置程序

（1）现场报告。一旦发生事故，第一发现人员立刻以最迅捷的方式将事故情况报告给现场应急处置小组组长。

（2）方案启动。现场应急处置小组组长接到报告后，立即启动现场处置方案，并组织交通工具、担架、急救药品、器材等赶到事故现场。同时启动项目部专项应急预案。

（3）人员疏散。采取安全有效的方式组织现场人员朝着安全的方向逃生，有条不紊地疏散至安全地带。

（4）现场警戒。现场实施封闭或现场拉警戒带进行警戒隔离，严禁无关人员、车辆进入，维护现场秩序，防止事态扩大。

（5）现场救援。现场实施抢险救援，发现伤者伤情稳定、估计伤情转运途中不会加重时，将伤者抬到安全地带，立即进行现场急救，并利用各种交通工具将伤者直接送往医院救护。

（6）外来救援。现场危害程度超出现场应急能力时，应立即与地方政府或其他应急机构（单位）等第三方取得联系，请求现场应急处置支援。待上级救援力量到来后，积极配合和服从其抢险救援行动。

4.2　现场处置措施

4.2.1　触电处置措施

（1）查看伤害情况。现场救援人员应立即查清施工现场触电伤害人员与带电设备设施的相关位置、具体环境及其安全状况，判断有无诱发或发生次生、衍生等其他扩大伤害的危险。

（2）立即断开电源。必须立即断电，使触电者脱离电源，同时检查周边区域是否处于安全状态，确认安全后方可施救。如检查其他设备、线路等有无漏电。若不安全，应立即整改消除危害因素，确保救援人员的安全。

（3）确认触电人员和其他人员无任何危险，将触电人员搬移到安全区域急救。必要时就地对触电人员进行人工呼吸、胸外心脏按压救护。待急救车辆赶到现场后，应立即协助救护人员，将伤员搬移到急救车辆上，并指派专人护送。

4.2.2　灼烫处置措施

（1）现场救援人员应立即查清人员受伤情况，与灼烫源的相关位置、环境及其安全状况，判断有无扩大伤害的危险。

（2）遇氧气、乙炔皮管等破裂或脱落燃烧，必须立即切断气源。遇高处人员灼伤，救援人员必须确认救援通道畅通，确保救援人员的安全。

（3）救援人员应及时将伤员转移到安全区域进行急救工作。

（4）待急救车辆赶到现场后，立即协助救护人员将伤员搬移到急救车辆上，并指派专人护送。

4.2.3 火灾处置措施

（1）现场救援人员应立即查清人员伤亡和被困情况，即有无人员被困或伤亡，人员与火灾部位的相关位置、环境及其安全状况，判断有无诱发或伴生其他伤害的危险。如遇人员被困于火灾部位，应坚持"人员优先"的原则，立即施救。

（2）检查现场用电机械设备电源是否断开，现场区域或相邻区域有无模板材料堆垛坍塌。若存在不安全因素，应立即采取拆除、支护、隔离等有效措施消除危害因素，确保救援人员的安全。

（3）伤员救出后，应及时将受伤人员搬移到安全区域，立即在现场采取急救措施。

（4）当有人受伤严重时，尽可能不要移动伤者，应派人拨打120急救电话与当地急救中心取得联系。待急救车辆赶到现场，应立即协助救护人员，将伤员搬移到急救车辆上，并指派专人护送。

4.2.4 高处坠落处置措施

（1）应急救援人员在展开救援工作前，应了解和掌握坠落受伤人员所处位置、环境及其安全状况。如立即停止救援区域其他施工作业，采取措施，切断或隔离危险源，确认救援通道（路线）是否畅通，防止救援过程中发生次生灾害。

（2）遇受伤人员坠落悬挂在高处时，应急救援人员必须穿戴好安全带，通过安全通道方可进入施救，严禁随意攀爬支架及其他设施；遇特殊情况时，必须采取相应防坠落措施后方可施救。

（3）救援人员应及时将伤员搬移到安全区域，去除伤员身上用具及口袋内硬物，如有创伤出血的，应立即采取有效的包扎、止血措施，防止伤员失血过多休克；对肢体有骨折的，应就近取适当木板条或其他硬板对骨折部位进行固定，降低并发症和伤残率。

（4）当有人受伤严重时，尽可能不要移动伤者，应派人拨打120急救电话与当地急救中心取得联系。待急救车辆赶到现场后，立即协助救护人员将伤员搬移到急救车辆上，并指派专人护送。

4.2.5 物体打击处置措施

（1）应急救援人员在展开救援工作前，应查清物体打击受伤人员所处位置、环境及其安全状况。如立即停止救援区域其他施工作业，观察是否还存在坠落物和飞出物，对有可能坠落的物品、材料应立即采取固定、隔离措施，确保救援人员的安全。确认救援通道（路线）是否畅通，有无扩大伤害或再次发生伤害等。

（2）发现有物体压住伤者时，应马上移除压在伤者身上的物体。遇受伤人员在高处时，应急救援人员必须穿戴好安全带，通过安全通道方可进入施救；遇特殊情况时，必须采取相应防坠落措施后方可施救。

（3）救援人员应及时通过担架将伤员搬移到安全区域，去除伤员身上用具及口袋内硬物，遇有创伤出血的，应立即采取包扎、止血措施，防止伤员失血过多；对肢体有骨折的，应就近取适当木板条或其他硬板对骨折部位进行固定。

（4）当有人受伤严重时，尽可能不要移动伤者，应派人拨打 120 急救电话与当地急救中心取得联系。待急救车辆赶到现场后，立即协助救护人员将伤员搬移到急救车辆上，并指派专人护送。

4.2.6　机械伤害处置措施

（1）应急救援人员在展开救援工作前，应查清机械和受伤人员的相关位置、环境及其安全状况，如立即停止救援区域其他作业，断开施工机械电源，确认无扩大伤害的危险，救援通道（路线）畅通方可施救，确保救援人员的安全。

（2）检查现场区域有无其他机械运行，是否处于安全状态，如安全装置不齐，应立即整改消除危害因素。

（3）救援人员应及时将伤员搬移到安全区域，去除伤员身上用具及口袋内硬物，遇有创伤出血的，应立即采取包扎、止血措施，防止伤员失血过多；对肢体有骨折的，应就近取适当木板条或其他硬板对骨折部位进行固定。

（4）当有人受伤严重时，尽可能不要移动伤者，应派人拨打 120 急救电话与当地急救中心取得联系。待急救车辆赶到现场后，立即协助救护人员将伤员搬移到急救车辆上，并指派专人护送。

4.2.7　起重伤害处置措施

（1）应急救援人员在展开救援工作前，应查清起重设备和受伤人员的相关位置、环境及其安全状况，如立即停止救援区域其他作业，断开施工设备电源，确认救援通道（路线）畅通方可施救，无发生二次伤害的危险，确保救援人员的安全。

（2）检查现场区域其他危险源是否消除，是否处于安全状态。若不安全，应立即整改消除危害因素。

（3）救援人员应及时将伤员搬移到安全区域，去除伤员身上用具及口袋内硬物，遇有创伤出血的，应立即采取包扎、止血措施，防止伤员失血过多；对肢体有骨折的，应就近取适当木板条或其他硬板对骨折部位进行固定。

（4）当有人受伤严重时，尽可能不要移动伤者，应派人拨打 120 急救电话与当地急救中心取得联系。待急救车辆赶到现场后，立即协助救护人员将伤员搬移到急救车辆上，并指派专人护送。

4.2.8　支架坍塌处置措施

（1）迅速确定事故发生的准确位置、可能波及的范围、脚手架损坏的程度、人员伤亡情况等，以根据不同情况进行处置。

（2）迅速核实脚手架上作业人数，如无人员伤亡，救援人员应立即实施脚手架加固或拆除等处理措施。以上行动须由有经验的安全员和架子工长统一安排。

（3）根据具体情况，采取人工和机械相结合的方法，对坍塌现场进行处理。如有人员被坍塌的脚手架压在下面，救援人员应立即采取可靠措施加固四周，然后拆除或切割压住伤者的杆件，将伤员移出。如脚手架太重可用吊车将架体缓缓抬起，以便救人。

（4）将伤者救出后，立即去除伤员身上用具及口袋内硬物，遇有创伤出血的，应立即采取包扎、止血措施，防止伤员失血过多；对肢体有骨折的，应就近取适当木板条或其他硬板对骨折部位进行固定。

（5）当有人受伤严重时，尽可能不要移动伤者，应派人拨打 120 急救电话与当地急救中心取得联系。待急救车辆赶到现场后，立即协助救护人员将伤员搬移到急救车辆上，并指派专人护送。

4.2.9 中暑处置措施

（1）将轻度中暑者移至附近阴凉通风处，解开伤员衣领口，保持伤者呼吸畅通，平卧休息，用湿毛巾置于额部。

（2）体温升高、神志不清、抽搐等重度中暑应迅速采取降温措施。

（3）症状较重时，应派人拨打120急救电话与当地急救中心取得联系。待急救车辆赶到现场后，立即协助救护人员将伤员搬移到急救车辆上，并指派专人护送。

4.2.10 交通事故处置措施

（1）事故发生后，迅速拨打120急救电话，并通知交警。

（2）协助交警疏通事发现场道路，保证救援工作顺利进行。

（3）遇有外伤的，应立即采取包扎、止血措施，防止伤员失血过多；对肢体有骨折的，对骨折部位切忌随意进行固定。

（4）待急救车辆赶到现场后，立即协助救护人员将伤员搬移到急救车辆上，并指派专人护送。

5 注意事项

5.1 佩戴个人防护器具方面的注意事项

应急处置人员必须根据事故类型处置需要，正确选择并按照使用规则佩戴、使用安全帽、绝缘手套、绝缘鞋、安全带等个人防护用品和用具，防护用品必须符合国家标准或行业标准要求，应具有出厂合格证和质量证明文件。发现龟裂、下凹、裂痕和磨损等情况必须立即更换使用。

5.2 使用抢险救援物资器材方面的注意事项

现场备齐必要的应急救援物资，如车辆、担架、方木、编织袋、工字钢等，并在现场堆码整齐，标志清楚，专料专用，保证种类齐全、质量完好、功能可靠。救援人员必须正确使用抢险救援器材，不得使用功能缺失、可靠性差的抢险救援器材。

5.3 采取救援对策或措施方面的注意事项

在应急处置过程中，现场处置人员应做好安全措施，不得盲目开展处置工作，防止二次伤害事故发生，确保人身安全。救治伤员时，要牢记"三先三后"原则，即对窒息或心跳呼吸停止不久的伤员必须先复苏后搬运；对出血伤员必须先止血后搬运；对骨折伤员必须先固定后搬运。应急处置人员在事前必须接受应急预案和处置预案培训和演练；所有应急处置人员必须了解应急器材的存放位置，熟练掌握操作使用规程和方法，防止操作不当，造成事态扩大。发生安全事故向外部求救时，应说明事故发生的详细地址、事故性质、大致情况、严重程度及电话号码等，主要路口或有明显标志处应有专人接应，在相关道路引导应急处置支援和急救人员到达指定地点。

5.4 现场自救和互救的注意事项

在应急处置过程中，必须做到令行禁止，统一指挥、服从命令，服从管理；在自救和互救时，必须加强协作配合，保持良好的沟通，有效制订救援计划，并组织实施。

5.5 现场应急处置结束后的注意事项

现场应急处置结束后，必须保持现场原始状态。待得到拆除现场、恢复工作的指令，及时清理现场，恢复正常秩序。

5.6 其他需要特别警示的事项

在应急处置过程中，应注意保护好现场，必须保持原始状态。确实因救援需要移动或拆除的物品、材料，必须做好状态标志，保留好影像资料证据，等待事故调查组进行调查。

6 附件

6.1 现场应急处置小组人员、归口管理部门或单位、项目部人员、相关方人员联系电话，政府有关部门联系电话，救援部门联系电话等

6.2 现场应急救援物资、装备清单

6.3 现场关键路线、标识和图纸

6.4 相关应急预案名录

（二）危险性较大设备（装置）现场处置方案示例

××××工程（公路、市政）塔吊倾翻事故应急处置方案

1 总则

1.1 编制目的

为了防止××施工现场××塔吊倾覆坍塌事故发生，完善现场应急工作机制，提高现场事故处置快速反应能力，制定本处置方案。

1.2 塔吊安装使用概况

××施工现场××塔吊安装使用概况（略）。

2 事故特征

2.1 危险性分析

造成塔吊倾翻事故的主要原因是操作因素、设备因素和环境因素。

2.1.1 操作因素

操作因素主要有：

（1）违反操作规程，如超载起重以及因司机不按规定使用限重器、限位器、制动器或不按规定归位、锚定造成的超载倾翻等事故。

（2）指挥不当、动作不协调造成的碰撞以至倒塌等。

2.1.2 设备因素

设备因素主要有：

（1）起重设备的操纵系统失灵或安全装置失效而引起的事故，如制动装置失灵。

（2）构件强度不够导致的事故，如塔式起重机的倾倒，其原因是塔吊的倾覆力矩超过其稳定力矩。

2.1.3 环境因素

主要有因经常发生雷电、阵风、龙卷风、台风、地震等自然灾害因素造成的倒塌、倾翻等塔吊设备事故。

2.2 危害程度

塔吊安装使用危险性较大。一旦因疏于环境恶劣、设备缺陷或人为因素，容易发生

倾翻事故，可能殃及邻近作业人员，造成重大的人身伤亡事故和重大经济损失，后果不堪设想。

3 应急组织机构及职责

3.1 组织机构

为加强塔吊事故现场处置，成立现场应急处置小组。成员如下：

组长：×××　项目部分管负责人

副组长：×××　项目部现场负责人

成员：现场安全员、施工员、协作队伍现场负责人

成立现场应急处置救援队，由协作队伍现场负责人任队长，专（兼）职安全员任副队长，班组长、作业人员等现场人员为成员。

3.2 职责

组长：负责塔吊事故现场处置的具体实施和组织工作，及时向项目部应急工作领导小组（指挥小组）报告抢险进展情况。

副组长：协助组长组织人员进行现场处置。

安全员：负责对外求助联系，并进行现场警戒，维持现场秩序。

施工员：负责调集救援设备前往现场进行救援处置。

现场应急处置救援队：事故发生时，进行紧急处置，并对伤者进行现场急救，将伤者紧急送往医院或陪同医疗机构送往医院治疗抢救。

4 应急处置

4.1 现场处置程序

（1）现场报告。一旦发生事故，第一发现人员立刻以最迅捷的方式将事故情况报告给现场应急处置小组组长。

（2）方案启动。现场应急处置小组组长接到报告后，立即启动现场处置方案，并组织交通工具、担架、急救药品、器材等赶到事故现场，按照规定的职责开展应急救援抢险工作。同时启动项目部相应专项应急预案。

（3）人员疏散。疏散围观人员，有秩序地将事故现场及周围的非受伤人员引导离开事故发生地点，疏散到安全区域。

（4）现场警戒。加强警戒，封锁事故现场，禁止闲杂人员、车辆进入，维护现场秩序，防止外来干扰，避免事态扩大，为救援工作提供畅通的道路。

（5）现场救援。立即调集应急救援所需的机械设备、车辆到现场，组织现场抢险救援，抢救被困受伤人员。发现伤者伤情稳定、估计伤情转运途中不会加重时，将伤者抬到安全地带，立即进行现场急救，并利用各种交通工具将伤者直接送往医院救护。

（6）外来救援。现场危害程度超出现场应急能力时，应立即与地方政府或其他应急机构（单位）等第三方取得联系，请求现场应急处置支持。待上级救援力量到来后，积极配合和服从其抢险救援行动。

4.2 现场应急处置措施

（1）迅速确定事故发生的准确位置、可能波及的范围、塔吊损坏的程度、人员伤亡情况等，以根据不同情况进行处置。

（2）立即切断现场设备电源，确保现场无触电危险后，方可进行现场应急救援。

（3）现场指挥人员和抢救人员，根据具体情况，采取人工和机械相结合的方法，对倾翻现场进行处置。如有人员被倾翻的标准节等构件压在下面，救援人员应立即采取可靠措施加固，然后切割压住伤者的构件，将伤员移出。如塔吊构件太重时，可用吊车将构件缓缓抬起，以便救人。人工搬运有困难时，现场指挥人员调集吊车进行吊运。

（4）伤者被救出后，应搬运到安全地方，进行现场抢救。立即清理受伤人员身上用具及口袋内硬物，检查呼吸、心跳情况，若心跳停止，立即实施心脏复苏或人工呼吸。遇有创伤出血的，应立即清理创伤伤口，采取包扎、止血措施，防止感染；肢体骨折，尽快固定伤肢，减少骨折断端对周围组织的进一步损伤，搬运伤员时，使用担架、门板，防止伤情加重。

（5）当有人受伤严重时，尽可能不要移动伤者，应派人拨打120急救电话与当地急救中心取得联系，等待医务人员救治。待急救车辆赶到现场后，立即协助专业救护人员将伤员搬移到急救车辆上，前往医院抢救。

5　注意事项

5.1　佩戴个人防护器具方面的注意事项

应急处置人员正确选择并按照使用规则佩戴、使用安全帽、绝缘手套、绝缘鞋等个人防护用品和用具，防护用品必须符合国家标准或行业标准要求。

5.2　使用抢险救援物资器材方面的注意事项

必须正确使用抢险救援器材，不得使用功能缺失、可靠性差的抢险救援器材，了解正确的抢救方法。

5.3　采取救援对策或措施方面的注意事项

在应急处置过程中，发现有人员受伤时，先判断环境的安全性再进行救援；对有可能再次发生事故的地方立即采取必要的保护措施，防止在抢险过程对抢险人员造成危险。发生安全事故向外部求救时，应说明事故发生的详细地址、事故性质、大致情况、严重程度及电话号码等，主要路口或有明显标志处应有专人接应，在相关道路引导应急处置支援和急救人员到达指定地点。

5.4　现场自救和互救的注意事项

在应急处置过程中，必须做到令行禁止、统一指挥、服从命令、服从管理；在自救和互救时，必须加强协作配合，保持良好的沟通，有效制订救援计划，并组织实施。

5.5　现场应急处置结束后的注意事项

现场应急处置结束后，必须保持现场原始状态。待得到恢复工作的指令，及时清理现场，恢复正常秩序。

5.6　其他需要特别警示的事项

在应急处置过程中，应注意保护好现场，必须保持原始状态。确实因救援需要移动的物品、材料，必须做好状态标志，保留好影像资料证据，等待事故调查组进行调查。

6　附件

6.1　现场应急处置小组人员、归口管理部门或单位、项目部人员、相关方人员联系电话，政府有关部门联系电话，救援部门联系电话等。

6.2　现场应急救援物资装备清单

6.3　现场关键路线、标志和图纸

6.4 相关应急预案名录

(三) 危险性较大设施现场处置方案示例

××××工程 (房建) 扣件式钢管脚手架事故应急处置方案

1 总则

1.1 编制目的

为了防止××施工现场××扣件式钢管脚手架事故发生，完善现场应急工作机制，提高现场事故处置快速反应能力，制订本处置方案。

1.2 脚手架安装使用概况

拟建总建筑面积为×××××m²。建筑层数：地上×××××层，地下层数：××××层。拟建场地内地下无管线埋藏，建场上空无高压线通过。工程内容为搭设扣件式钢管脚手架（超过24m）……

2 事故特征

2.1 危险性分析

造成脚手架事故的主要原因是操作因素、材料因素和环境因素。

2.1.1 操作因素

操作因素主要有：

（1）脚手架的搭设不按规范设计进行；

（2）连墙件拆除不按方案执行，方法不正确；

（3）脚手架地基未夯实平整，承载力不满足设计或规范要求；

（4）工人违反劳动纪律。

2.1.2 材料因素

材料因素主要有：

（1）脚手架钢管进场验收不合格；

（2）脚手架钢管弯曲、变形、锈蚀严重等；

（3）脚手架钢管强度不够。

2.1.3 环境因素

主要因防雷措施不到位，发生雷击事故。

2.2 危害程度

脚手架工程危险性较大。一旦发生事故，可能造成重大的人身伤亡事故。

3 应急组织机构及职责

3.1 组织机构

为加强脚手架事故现场处置，成立现场应急处置小组。成员如下：

组长：×××　项目部分管负责人

副组长：×××　项目部现场负责人

成员：现场技术员、质检员、机料员、安全员、保安、协作队伍现场负责人

成立现场救援队，由协作队伍现场负责人任队长，电工、班组长、作业人员等现场人员为成员。

3.2　职责

组长：负责事故现场处置的具体实施和组织工作，及时向项目部应急工作领导小组（指挥小组）报告抢险进展情况。

副组长：协助组长组织人员进行现场处置。

安全员：负责对外求助联系，场内现场警戒，维持现场秩序。

技术员：负责协助制订现场救援方案。

保安：负责控制场区人员出入。

质检员、机料员：负责调集救援设备前往现场进行救援处置。

电工：在救援队长的领导下负责现场切断电源。

现场救援队：事故发生时，进行紧急处置，并对伤者进行现场急救，将伤者紧急送往医院或陪同医疗机构送往医院治疗抢救。

4　应急处置

4.1　现场处置程序

（1）现场报告。一旦发生事故，第一发现人员立刻以最迅捷的方式将事故情况报告给现场应急处置小组组长。

（2）方案启动。现场应急处置小组组长接到报告后，立即启动现场处置方案，并组织交通工具、担架、急救药品、器材等赶到事故现场，按照规定的职责开展应急救援抢险工作。同时启动项目部相应专项应急预案。

（3）人员疏散。疏散围观人员，有秩序地将事故现场及周围的非受伤人员引导离开事故发生地点，疏散到安全区域。

（4）现场警戒。加强警戒，封锁事故现场，禁止闲杂人员、车辆进入，维护现场秩序，防止外来干扰，避免事态扩大，为救援工作提供畅通的道路。

（5）现场救援。立即调集应急救援所需的机械设备、车辆到现场，组织现场抢险救援，抢救被困受伤人员。发现伤者伤情稳定、估计伤情转运途中不会加重时，将伤者抬到安全地带，立即进行现场急救，并利用各种交通工具将伤者直接送往医院救护。

（6）外来救援。现场危害程度超出现场应急能力时，应立即与地方政府或其他应急机构（单位）等第三方取得联系，请求现场应急处置支援。待上级救援力量到来后，积极配合和服从其抢险救援行动。

4.2　现场应急处置措施

4.2.1　高处坠落处置措施

（1）应急救援人员在展开救援工作前，应了解和掌握坠落受伤人员所处位置、环境及其安全状况。如立即停止救援区域其他施工作业，采取措施，切断或隔离危险源，确认救援通道（路线）是否畅通，防止救援过程中发生次生灾害。

（2）遇受伤人员坠落悬挂在高处时，应急救援人员必须穿戴好安全带，通过安全通道方可进入施救，严禁随意攀爬脚手架及其他设施；遇特殊情况时，必须采取相应防坠落措施后方可施救。

（3）救援人员应及时将伤员搬移到安全区域，去除伤员身上用具及口袋内硬物，遇有创伤出血的，应立即采取有效的包扎、止血措施，防止伤员失血过多休克；对肢体有骨折的，应就近取适当木板条或其他硬板对骨折部位进行固定，降低并发症和伤残率。

（4）当有人受伤严重时，尽可能不要移动伤者，应派人拨打120急救电话与当地急救中心取得联系。待急救车辆赶到现场后，立即协助救护人员将伤员搬移到急救车辆上，并指派专人护送。

4.2.2　物体打击处置措施

（1）应急救援人员在展开救援工作前，应查清物体打击受伤人员所处位置、环境及其安全状况。如立即停止救援区域其他施工作业，观察是否还存在坠落物和飞出物，对有可能坠落的物品、材料应立即采取固定、隔离措施，确保救援人员的安全。确认救援通道（路线）是否畅通，有无扩大伤害或再次发生伤害等。

（2）发现有物体压住伤者时，应马上移除压在伤者身上的物体。遇受伤人员在高处时，应急救援人员必须穿戴好安全带，通过安全通道方可进入施救；遇特殊情况时，必须采取相应防坠落措施后方可施救。

（3）救援人员应及时通过担架将伤员搬移到安全区域，去除伤员身上用具及口袋内硬物，遇有创伤出血的，应立即采取包扎、止血措施，防止伤员失血过多；对肢体有骨折的，应就近取适当木板条或其他硬板对骨折部位进行固定。

（4）当有人受伤严重时，尽可能不要移动伤者，应派人拨打120急救电话与当地急救中心取得联系。待急救车辆赶到现场后，立即协助救护人员将伤员搬移到急救车辆上，并指派专人护送。

4.2.3　坍塌事故处置措施

（1）迅速确定事故发生的准确位置、可能波及的范围、脚手架损坏的程度、人员伤亡情况等，以根据不同情况进行处置。

（2）立即切断现场一切电源，确保现场无触电危险后，方可进行现场应急救援。

（3）现场指挥人员和抢救人员，根据具体情况，采取人工和机械相结合的方法，对坍塌现场进行处置。如有人员被坍塌的钢管压在下面，救援人员应立即采取可靠措施加固，将伤员救出。

（4）伤者被救出后，应搬运到安全地方，进行现场抢救。立即清理受伤人员身上用具及口袋内硬物，检查呼吸、心跳情况，若心跳停止，应立即实施心脏复苏或人工呼吸。遇有创伤出血的，应立即清理创伤伤口，采取包扎、止血措施，防止感染；肢体骨折，尽快固定伤肢，减少骨折断端对周围组织的进一步损伤，搬运伤员时，使用担架、门板，防止伤情加重。

（5）当有人受伤严重时，尽可能不要移动伤者，应派人拨打120急救电话与当地急救中心取得联系，等待医务人员救治。待急救车辆赶到现场后，立即协助专业救护人员将伤员搬移到急救车辆上，前往医院抢救。

5　注意事项

5.1　佩戴个人防护器具方面的注意事项

应急处置人员正确选择并按照使用规则佩戴、使用安全帽、绝缘手套、绝缘鞋等个人防护用品和用具。防护用品必须符合国家标准或行业标准要求。

5.2　使用抢险救援物资器材方面的注意事项

必须正确使用抢险救援器材，不得使用功能缺失、可靠性差的抢险救援器材，了解正确的抢救方法。

5.3　采取救援对策或措施方面的注意事项

在应急处置过程中，发现有人员受伤时，先判断环境的安全性再进行救援；对有可能再次发生事故的地方立即采取必要的保护措施，防止在抢险过程中对抢险人员造成危险。发生安全事故向外部求救时，应说明事故发生的详细地址、事故性质、大致情况、严重程度及电话号码等，主要路口或有明显标志处应有专人接应，在相关道路引导应急处置支援和急救人员到达指定地点。

5.4　现场自救和互救的注意事项

在应急处置过程中，必须做到令行禁止、统一指挥、服从命令、服从管理；在自救和互救时，必须加强协作配合，保持良好的沟通，有效制订救援计划，并组织实施。

5.5　现场应急处置结束后的注意事项

现场应急处置结束后，必须保持现场原始状态。待得到恢复工作的指令，及时清理现场，恢复正常秩序。

5.6　其他需要特别警示的事项

在应急处置过程中，应注意保护好现场，必须保持原始状态。确实因救援需要移动的物品、材料，必须做好状态标志，保留好影像资料证据，等待事故调查组进行调查。

6　附件

6.1　现场应急处置小组人员、归口管理部门或单位、项目部人员、相关方人员联系电话，政府有关部门联系电话，救援部门联系电话等

6.2　现场应急救援物资装备清单

6.3　现场关键路线、标志和图纸

6.4　相关应急预案名录

四、建筑施工企业重点岗位应急处置卡示例

（一）施工员应急处置卡

重点岗位应急处置卡

岗位名称			施工员
执行依据			×××现场处置方案
序号	本岗位职责范围内可能发生的事件	应急处置程序	应急处置措施
1	机械伤害	（1）现场报告。一旦发生事故，立刻以最迅捷的方式将事故情况报告给现场应急处置小组长。	（1）察看机械和受伤人员的相关位置、环境及其安全状况，判断是否危及自身安全，有无诱发和发生次生、衍生伤害的危险。 （2）协助救援人员立即停止操作，脱离危险源，采取止血、包扎等现场急救措施。 （3）向项目部有关部门和人员报告。 （4）如果伤情较重，现场不具备抢救条件时，直接拨打120急救电话送医救治

岗位名称		施工员	
执行依据		×××现场处置方案	
序号	本岗位职责范围内可能发生的事件	应急处置程序	应急处置措施
2	物体打击		（1）了解和掌握坠落受伤人员所处位置、周围环境及其安全状况。判断是否危及自身安全，有无诱发和发生次生、衍生伤害的危险。 （2）协助救援人员迅速将伤者移至安全地带；如伤者出血，应包扎伤口，有效止血；若伤者骨折、关节伤等立即固定。 （3）向项目部有关部门和人员报告，并拨打120急救电话
3	触电伤害		（1）立即察看施工现场触电伤害人员与带电设备设施的相关位置、具体环境及其安全状况，判断是否危及自身安全，有无诱发和发生次生、衍生伤害的危险。 （2）协助救援人员迅速切断电源，或者用绝缘物体挑开电线或带电物体，使伤者尽快脱离电源。 （3）协助救援人员将伤者移至安全地带；若触电者失去知觉，心脏、呼吸还在，应使其平卧，解开衣服，以利呼吸；若触电者呼吸、脉搏停止，必须实施人工呼吸或胸外心脏挤压法抢救。 （4）向项目部有关部门和人员报告，并拨打120急救电话，送医院继续救治
4	高处坠落	（2）协助救援。协助救援人员开展救援。	（1）了解和掌握坠落受伤人员所处位置、环境及其安全状况，判断是否危及自身安全，有无诱发和发生次生、衍生伤害的危险。 （2）协助救援人员迅速将伤者移至安全地带；若伤者发生窒息，应立即解开衣领，清除口鼻异物；如伤者出血，包扎伤口，有效止血；若伤者骨折、关节伤等立即固定。 （3）向项目部有关部门和人员报告，并拨打120急救电话
5	中暑		（1）协助救援人员将中暑人员立即抬离工作现场，移至阴凉、通风的地方，同时垫高头部、解开衣裤，以利呼吸和散热。 （2）用湿毛巾敷头部或用冰袋做简单的降温处理。 （3）向项目部有关部门和人员报告。 （4）症状较轻时，立即联系车辆，由救护人员送至医院。症状较重时，现场不具备抢救条件时，应拨打120急救电话
6	火灾		（1）立即察看人员伤亡及被困情况，判断有无诱发或伴生其他伤害的危险。 （2）协助救援人员迅速切断电源。 （3）向项目部有关部门和人员报告。 （4）如果火势太大，现场不具备抢救条件时，拨打119火警电话，等待专业消防人员到来
7	灼烫		（1）察看人员受伤情况、与灼烫源的相关位置、环境及其安全状况，判断有无扩大伤害的危险。 （2）遇氧气、乙炔皮管等破裂或脱落燃烧，协助救援人员立即切断气源。 （3）协助救援人员将伤者转移至安全地带救治。 （4）向项目部有关部门和人员报告。 （5）如果伤情严重，现场不具备抢救条件时，应拨打120急救电话送医院作进一步治疗

续表

岗位名称	施工员					
执行依据	×××现场处置方案					
序号	本岗位职责范围内可能发生的事件	应急处置程序	应急处置措施			
8	起重伤害	（1）现场报告。一旦发生事故，立刻以最迅捷的方式将事故情况报告给现场应急处置小组长。（2）协助救援。协助救援人员开展救援。	（1）察看起重设备和受伤人员的相关位置、环境及其安全状况，判断有无诱发或伴生其他伤害的危险。（2）协助救援人员迅速将伤者移至安全地带；如伤者出血，应包扎伤口，有效止血；若伤者骨折、关节伤等应立即固定。（3）向项目部有关部门和人员报告，并拨打120急救电话			
9	坍塌		（1）察看坍塌位置、环境及其安全状况，判断有无诱发或伴生其他伤害的危险。（2）协助救援人员迅速确定事故发生的准确位置、可能波及的范围、损害程度、人员伤亡情况等。（3）协助救援人员迅速核实现场作业人数，如无人员伤亡，立即采取加固或拆除等处理措施。（4）协助救援人员迅速将伤者移至安全地带；如伤者出血，应包扎伤口，有效止血；若伤者骨折、关节伤等应立即固定。（5）向项目部有关部门和人员报告，并拨打120急救电话			
10	交通事故		（1）事故发生后，向项目部有关部门和人员报告，迅速拨打120急救电话，并通知交警。（2）协助交警疏通事发现场道路，保证救援顺利进行。（3）协助专业救护人员救治			
11	中毒窒息		（1）察看有限空间位置、环境及其安全状况，判断有无诱发或伴生其他伤害的危险。（2）协助救援人员进入有限空间施救，将患者脱离危险区域。（3）向项目部有关部门和人员报告，并拨打120急救电话，送医院救治			
12	车辆伤害		（1）察看车辆和受伤人员的相关位置、周围环境及其安全状况，判断是否危及自身安全，有无诱发和发生次生、衍生伤害的危险。（2）协助救援人员立即将车辆熄火，脱离危险源，采取止血、包扎等现场急救措施。（3）向项目部有关部门和人员报告。（4）如果伤情较重，现场不具备抢救条件时，应直接拨打120急救电话送医救治			
劳动保护用品	应急物资					
工作鞋、安全帽	消毒液、烫伤膏、纱布等急救药品，担架，灭火器等					
应急联系方式						
内部	应急办公室电话	项目经理电话	项目分管经理电话	现场负责人电话	×××	×××
外部	火警电话	急救电话	治安报警电话	政府应急部门电话	行业应急部门电话	×××

（二）安全员应急处置卡

重点岗位应急处置卡

岗位名称	安全员		
执行依据	×××现场处置方案		
序号	本岗位职责范围内可能发生的事件	应急处置程序	应急处置措施
1	机械伤害		(1) 察看机械和受伤人员的相关位置、环境及其安全状况，判断是否危及自身安全，有无诱发和发生次生、衍生伤害的危险。 (2) 组织现场人员有条不紊地疏散至安全地带。 (3) 现场进行警戒隔离，严禁无关人员、车辆进入，维护现场秩序。 (4) 向项目部有关部门和人员报告。 (5) 如果伤情较重，应直接拨打120急救电话送医救治
2	物体打击		(1) 了解和掌握坠落受伤人员所处位置、周围环境及其安全状况，判断是否危及自身安全，有无诱发和发生次生、衍生伤害的危险。 (2) 人员疏散。组织现场人员逃生，有条不紊地疏散至安全地带。 (3) 现场进行警戒隔离，严禁无关人员、车辆进入，维护现场秩序。 (4) 向项目部有关部门和人员报告，并直接拨打120急救电话
3	触电伤害	（1）现场报告。一旦发生事故，立刻以最迅捷的方式将事故情况报告给现场应急处置小组组长。 （2）协助组织人员疏散、现场警戒	(1) 立即察看施工现场触电受伤人员与带电设备设施的相关位置、具体环境及其安全状况，判断是否危及自身安全，有无诱发和发生次生、衍生伤害的危险。 (2) 采取安全有效的方式组织现场人员有条不紊地疏散至安全地带。 (3) 现场进行警戒隔离，严禁无关人员、车辆进入，维护现场秩序。 (4) 向项目部有关部门和人员报告，并直接拨打120急救电话
4	高处坠落		(1) 了解和掌握坠落受伤人员所处位置、环境及其安全状况，判断是否危及自身安全，有无诱发和发生次生、衍生伤害的危险。 (2) 采取安全有效的方式组织现场人员逃生，有条不紊地疏散至安全地带。 (3) 现场实施警戒隔离，严禁无关人员、车辆进入，维护现场秩序。 (4) 向项目部有关部门和人员报告，并直接拨打120急救电话
5	中暑		(1) 现场实施警戒隔离，严禁无关人员、车辆进入，维护现场秩序。 (2) 向项目部有关部门和人员报告。 (3) 症状较轻时，直接商施工员立即联系车辆，由救护人员送至医院。症状较重时，直接拨打120急救电话
6	火灾		(1) 立即察看人员伤亡和被困情况，判断有无诱发或伴生其他伤害的危险。 (2) 采取安全有效的方式组织现场人员朝着安全的方向逃生，有条不紊地疏散至安全地带。 (3) 现场实施封闭，进行警戒隔离，严禁无关人员、车辆进入，维护现场秩序。 (4) 向项目部有关部门和人员报告。 (5) 如果火势太大，应直接拨打119火警电话，等待专业消防人员到来
7	灼烫		(1) 察看人员受伤情况、与灼烫源的相关位置、环境及其安全状况，判断有无扩大伤害的危险。 (2) 组织现场人员有条不紊地疏散至安全地带。 (3) 现场实施警戒隔离，严禁无关人员、车辆进入，维护现场秩序。 (4) 向项目部有关部门和人员报告。 (5) 如果伤情严重，直接拨打120急救电话送医院作进一步治疗

续表

岗位名称			安全员			
执行依据			×××现场处置方案			
序号	本岗位职责范围内可能发生的事件	应急处置程序	应急处置措施			
8	起重伤害	（1）现场报告。一旦发生事故，立刻以最迅捷的方式将事故情况报告给现场应急处置小组组长。 （2）协助组织人员疏散、现场警戒	（1）察看起重设备和受伤人员的相关位置、环境及其安全状况，判断有无诱发或伴生其他伤害的危险。 （2）组织现场人员有条不紊地疏散至安全地带。 （3）现场实施封闭，进行警戒隔离，严禁无关人员、车辆进入，维护现场秩序。 （4）向项目部有关部门和人员报告，并直接拨打120急救电话			
9	坍塌		（1）察看坍塌位置、环境及其安全状况，判断有无诱发或伴生其他伤害的危险。 （2）采取安全有效的方式组织现场人员朝着安全的方向逃生，有条不紊地疏散至安全地带。 （3）现场实施封闭，进行警戒隔离，严禁无关人员、车辆进入，维护现场秩序。 （4）向项目部有关部门和人员报告，并直接拨打120急救电话			
10	交通事故		（1）事故发生后，向项目部有关部门和人员报告，迅速拨打急救电话，并通知交警。 （2）协助交警组织现场人员有条不紊地疏散至安全地带。 （3）协助交警进行警戒隔离，严禁无关人员、车辆进入，维护现场秩序，保证救援工作顺利进行			
11	中毒窒息		（1）察看有限空间位置、环境及其安全状况，判断有无诱发或伴生其他伤害的危险。 （2）采取安全有效的方式组织现场人员有条不紊地疏散至安全地带。 （3）现场实施警戒隔离，严禁无关人员、车辆进入，维护现场秩序。 （4）向项目部有关部门和人员报告，并拨打120急救电话，送医院救治			
12	车辆伤害		（1）察看车辆和受伤人员的相关位置、周围环境及其安全状况，判断是否危及自身安全，有无诱发和发生次生、衍生伤害的危险。 （2）采取安全有效的方式组织现场人员朝着安全的方向逃生，有条不紊地疏散至安全地带。 （3）现场实施警戒隔离，严禁无关人员、车辆进入，维护现场秩序。 （4）向项目部有关部门和人员报告。 （5）如果伤情较重，应直接拨打120急救电话送医救治			
××			××			
劳动保护用品			应急物资			
工作鞋、安全帽			消毒液、烫伤膏、纱布等急救药品，担架，灭火器等			
应急联系方式						
内部	应急办公室电话	项目经理电话	项目分管经理电话	现场负责人电话	×××	×××
外部	火警电话	急救电话	治安报警电话	政府应急部门电话	行业应急部门电话	×××

（三）施工作业人员应急处置卡

重点岗位应急处置卡

岗位名称			施工作业人员
执行依据			×××现场处置方案
序号	本岗位职责范围内可能发生的事件	应急处置程序	应急处置措施
1	机械伤害	（1）现场报告。一旦发生事故，立刻以最迅捷的方式将事故情况报告给现场应急处置小组组长。 （2）在应急处置小组的领导下开展现场应急救援	（1）发生机械伤害，应立即停止机械设备作业。 （2）报告现场应急处置小组组长或施工员、安全员。 （3）根据伤者伤情，对伤者进行现场救护，并拨打120急救电话。 （4）在现场应急处置小组组长的指挥下清理和保护现场
2	物体打击		（1）发生物体打击，应立即停止作业。 （2）报告现场应急处置小组组长或施工员、安全员。 （3）发现异常或紧急情况时快速撤离，避开可能发生物体打击方向。 （4）根据伤者伤情，对伤者进行现场救护，并拨打120急救电话。 （5）在现场应急处置小组组长的指挥下清理和保护现场
3	触电伤害		（1）发生触电，应立即切断电源。 （2）报告现场应急处置小组组长或施工员、安全员。 （3）将伤者抬至安全地带。 （4）根据伤情对触电人员进行人工呼吸或胸外按压，并拨打120电话。 （5）在现场应急处置小组组长的指挥下清理和保护现场
4	高处坠落		（1）发生高处坠落，应立即停止作业。 （2）报告现场应急处置小组组长或施工员、安全员。 （3）根据伤者伤情，对伤者进行现场救护，并拨打120急救电话。 （4）在现场应急处置小组组长的指挥下清理和保护现场
5	中暑		（1）发生中暑，应立即停止作业。 （2）报告现场应急处置小组组长或施工员、安全员。 （3）根据伤者伤情，对伤者进行现场救护，并拨打120急救电话
6	火灾		（1）发现火情，应立即就近取消防器材灭火。 如果用电线路或设备着火，立即切断电源，利用消防器材灭火。 （3）如果易燃气体或油品着火，立即关闭阀门，利用消防器材灭火。 （4）报告现场应急处置小组组长或施工员、安全员。 （5）如果火势较大，火灾区域消防器材无法控制时，应拨打119火警电话，等待专业消防人员到来。 （6）如有人员伤害，根据伤者伤情，对伤者进行现场救护。 （7）在现场应急处置小组组长的指挥下清理和保护现场
7	灼烫		（1）发生灼烫，应立即停止作业。 （2）报告现场应急处置小组组长或施工员、安全员。 （3）根据伤者伤情，对伤者进行现场救护。 （4）如果伤情严重，拨打120急救电话，并送医院作进一步治疗
8	起重伤害		（1）发生起重伤害，应立即停止作业和转动设备。 （2）报告现场应急处置小组组长或施工员、安全员。 （3）根据伤者伤情，对伤者进行现场救护，并拨打120急救电话。 （4）在现场应急处置小组组长的指挥下清理和保护现场。根据现场指令恢复施工

续表

岗位名称			施工作业人员			
执行依据			×××现场处置方案			
序号	本岗位职责范围内可能发生的事件	应急处置程序	应急处置措施			
9	坍塌	（1）现场报告。一旦发生事故，立刻以最迅捷的方式将事故情况报告给现场应急处置小组组长。（2）在应急处置小组的领导下开展现场应急救援	（1）发生坍塌，应立即停止作业，快速撤离坍塌区域。 （2）报告现场应急处置小组组长或施工员、安全员。 （3）根据伤者伤情，对伤者进行现场救护，并拨打120急救电话。 （4）在现场应急处置小组组长的指挥下清理和保护现场			
10	中毒窒息		（1）发生中毒窒息，应立即停止作业。 （2）报告现场应急处置小组组长或施工员、安全员。 （3）根据伤者伤情，对伤者进行现场救护，并拨打120急救电话。 （4）在现场应急处置小组组长的指挥下清理和保护现场			
11	车辆伤害		（1）发生车辆伤害，应立即停止作业。 （2）报告现场应急处置小组组长或施工员、安全员。 （3）根据伤者伤情，对伤者进行现场救护。 （4）如果伤情较重，拨打120急救电话送医救治。 （5）在现场应急处置小组组长的指挥下清理和保护现场，根据现场指令恢复施工			
12	机械伤害		（1）发生机械伤害，应立即停止机械设备作业。 （2）报告现场应急处置小组组长或施工员、安全员。 （3）根据伤者伤情，对伤者进行现场救护，并拨打120急救电话。 （4）在现场应急处置小组组长的指挥下清理和保护现场			
××	××		××			
劳动保护用品			应急物资			
工作鞋、安全帽			消毒液、烫伤膏、纱布等急救药品，担架，灭火器等			
应急联系方式						
内部	应急办公室电话	项目经理电话	项目分管经理电话	现场负责人电话	×××	×××
外部	火警电话	急救电话	治安报警电话	政府应急部门电话	行业应急部门电话	×××

第五章　建筑施工企业应急演练

应急演练是突发事件应急准备工作中的另一项十分重要的环节，开展应急演练对检验应急准备状态，提高建筑施工企业综合应急能力和实战水平，最大限度减少突发事件造成的人员伤亡、财产损失和社会影响具有非常重要的意义。

第一节　应急演练简述

一、应急演练的概念

应急演练是在事先虚拟的事件条件下，应急指挥体系中各个组成部门、单位或群体的人员针对假设的特定情况，依据有关应急预案规定的职责和程序，在特定的时间和区域模拟应对突发事件的活动。简单地讲就是一种模拟突发事件发生的应对演练。这里需要指出的是，由于应急演练一般都需要事前作出计划和方案，因此，应急演练不完全等同于应急预案演练，还包括临时性的策划、计划和行动方案。

二、应急演练的重要性

应急演练是对应急能力的综合检验，是检验、评价和保持应急能力的一个重要手段。实践证明，应急预案即便编制得再周密、再完美，如果不进行演练，只停留在文本文件层面上，这样的预案也只能是纸上谈兵而已，效果自然难以得到保证，必将大打折扣。开展有计划、有针对性的应急演练，对于防范突发事件，降低突发事件造成的危害和影响，及时发现并改正应急管理方面存在的不足，提升应急能力具有十分重要的作用。应急演练的重要性主要表现在以下几方面。

（一）检验应急预案

通过应急演练，可以发现应急预案中存在的问题，在突发事件发生前暴露应急预案和应急程序方面的缺陷，发现预案在应对可能出现的各种意外情况方面的缺欠和不足，验证其所具备的适应性，找出预案需要进一步完善和修正的地方；可以检验预案应对突发事件所需应急队伍、物资、装备、技术等方面的准备情况，验证应急预案的整体或关键性局部是否可以有效地付诸实施；可以检验应急预案应对突发事件应急工作机制是否完善，应急反应和应急救援能力是否提高，各部门、机构、人员之间的协调配合是否一致等。通过应急演练，进而完善和提高救援预案的实用性和可操作性。

（二）锻炼应急队伍

应急演练是检验、提高和评价应急能力的一个重要手段，通过接近真实的亲身体验的应急演练，可以提高各级领导者应对突发事件的分析研判、决策指挥和组织协调能力；可以帮助应急管理人员和各类救援人员熟悉突发事件情景，提高应急熟练程度和实战技能；可以进一步明确相关单位和人员的职责任务，理顺工作关系，改善各应急组织机构、人员之间的交流沟通、协调合作，有助于提高应急反应能力。

（三）提高应对能力

通过模拟真实事件及应急处置过程让参与人员能够身临其境，积累"实战"经验，留下更加深刻的印象，从直观上、感性上真正认识突发事件，提高对突发事件风险源的警惕性，能促使在没有发生突发事件时，增强从业人员风险意识，掌握应急知识和处置技能，提高应急人员的应急处置熟练程度、救援水平和自救互救等灾害应对能力。

三、应急演练的原则

应急演练必须坚持以下原则。

（一）"结合实际、合理定位"原则

结合企业特点和可能发生的事件类型组织开展演练，明确演练目的，根据现有应急资源条件确定应急演练的方式和规模。

（二）"着眼实战、讲求实效"原则

着眼实战，以提高指挥协调能力、应急处置能力为主要出发点组织开展演练，重点检验应急指挥是否得当、应急响应是否快速、应急处置是否高效、应急机制是否顺畅。重视对演练效果及组织工作的评估，总结推广好经验，及时整改存在问题，力求实效。

（三）"精心组织、确保安全"原则

围绕具体应急演练目标，精心策划应急演练内容，科学设计应急演练方案，落实有关安全措施，在保证参演人员及设备设施安全的条件下组织开展演练。

（四）"统筹规划、厉行节约"原则

统筹规划应急演练活动，充分利用现有应急资源，本着厉行节约的原则，积极开展现场演练，适当组织综合性演练。

四、应急演练的类型

应急演练的演练方法比较多，站在不同的角度可以将应急演练划分为以下多种类型。

（一）按照事前是否告知演练单位和人员划分

1. 预知型演练

其含义是在演练正式开始前，告知演练的具体安排，包括演练的性质与规模、事件情景、演练时间以及估计的结束时间、演练的安排程序以及演练过程中发生突发事件的处置方法和注意事项等，然后宣布正式开始进行演练。预知型演练的优点是使演练人员事前有心理准备，避免不必要的恐慌，有助于演练人员在演练过程中的稳定发挥，展示他们本身具备的应急能力。

2. 非预知型演练

其含义是事前不告知的情况下，模拟事件发生情景，进行演练的活动。由于事件的发生往往是不能预知的、非确定的，因此采用与真实的实际应急情况有一定的出入和差距。采用非预知型演练方式进行演练，最大的优点是接近实战方式检验应急能力，增强演练的真实性。

（二）按组织形式划分

1. 桌面演练

桌面演练是指参演人员利用地图、沙盘、流程图、计算机模拟、视频会议等辅助手段，针对事先假定的演练情景，讨论和推演应急决策及现场处置的过程，从而促进相关人员掌握应急预案中所规定的职责和程序，提高指挥决策和协同配合能力。桌面演练的特点是对演练情景进行口头演练，通常在室内完成。最大的优点就是引导参与者共同创设逼真的演练氛围，同时摆脱场地和设备的限制，不需要在真实的环境里演练事件情景，演练成本较低。

2. 实战演练

实战演练是指参演人员利用应急处置涉及的设备和物资，针对事先设置的突发事件情景及其后续的发展情景，通过实际决策、行动和操作，完成真实应急响应的过程，从而检验和提高相关人员的临场组织指挥、队伍调动、应急处置技能和后勤保障等应急能力。实战演练通常要在特定场所完成，特别是要加强以现场处置方案为主的应急演练，提高第一时间的现场处置能力。

根据多年来应急演练的实践来看，就建筑施工企业来说，桌面演练很少使用，普遍采用的是实战演练。其优点是更加贴近现场的实际，也更能锻炼队伍。

（三）按演练目的与作用划分

1. 检验性演练

检验性演练是指为检验应急预案的可行性、应急准备的充分性、应急机制的协调性及相关人员的应急处置能力而组织的演练。

2. 示范性演练

示范性演练是指为向观摩人员展示应急能力或提供示范教学，严格按照应急预案规定开展的表演性演练。

3. 研究性演练

研究性演练是指为研究和解决突发事件应急处置的重点、难点问题，试验新方案、新技术、新装备而组织的演练。

（四）按演练内容划分

1. 单项演练

单项演练是指只涉及应急预案中某项特定应急响应功能或现场处置方案中一系列应急响应功能举行的演练活动。注重针对一个或少数几个参与单位（岗位）的特定环节和功能进行检验。单项演练适宜针对组织编制的现场处置方案进行演练。

2. 综合演练

综合演练是针对应急预案中全部或多项应急响应功能，检验、评价应急组织整体应急处置能力的演练活动。综合演练要求应急体系内所有承担应急救援任务的组织或其中绝大多数组织参加演练，注重对多个环节和功能进行检验，比如验证组织内部各应急救援组织执行任务的能力，检查应急救援组织之间的配合协调能力，检验应急人员和应急救援的策划和响应能力。特别是对组织内外不同单位之间应急机制和联合应对能力的检验。综合演练适宜针对组织编制的综合应急预案或专项应急预案进行演练。

应急演练的类型较多，建筑施工企业在应急演练时可以进行单项演练，也可以进行综合演练。在有条件的情况下，还可将几种形式的演练结合起来，增强演练效果，提高应急处置能力。还可以与风险相近的其他单位或相关部门开展联合应急演练。无论选择何种演练类型，演练方案必须适应施工现场应急管理的需求和资源条件。

第二节 建筑施工企业应急演练的现状与管理要求

一、建筑施工企业应急演练的现状

近年来，应急演练在建筑施工企业广泛开展，有力地推动了企业应急管理工作。但从演练实践中发现，建筑施工企业在演练方面也存在一些问题，值得高度注意。概括起来，表现在以下方面：

（一）演练认识不高

有的企业还没有把应急演练当成单位应急管理工作的主要抓手来抓，说起来重要、做起来次要、忙起来不要的现象比较普遍。有的企业缺乏扎扎实实组织演练的思想，演练准备不充分。比如演练目标不明确，演练内容策划简单，演练物资装备不足，演练人员培训不到位，没有编制或演练方案不科学等，导致演练活动比较草率，演练效果打了折扣，不是很明显。

（二）演练形式不灵活

拘泥于传统的方式演练，演练多呈现套路化，演练流程比较固定，演练形式比较单一。有的企业非常注重演练脚本编排，一切按照演练脚本走，缺乏演练过程中的本能反应，演练比较僵化，不能脱离脚本。一旦脱离脚本，演练便进行不下去。

（三）演练过程走过场

演练场景真实感不强，严重脱离实际，流于形式，演练观摩成分呈现太多；演练记录千篇一律，多有雷同，甚至在演练记录中多次出现演练科目相同、演练过程相同和演练结果相同的现象。现场演练的纪律性和严肃性较差，组织松散，参加人员多呈现出"嘻哈化"现象，重演戏轻演练或者只注重演不注重练，以致于应急演练变成了演戏的场子，把应急演练搞成了"浮在面上"的花架子。

（四）演练常态化不够

应急演练多是临时性的，或者被动地按照上级要求组织开展应急演练，或者在上级不断催促的情况下才想起来组织应急演练活动。而不是主动地根据本单位存在的风险，有针对性地开展应急演练，提高应急响应速度，提升应急能力，把应急演练工作落实到日常工作当中去，变临时性应急演练为常态化演练。

（五）演练资料不规范

演练组织和实施过程中的记录不全面，该留有痕迹的没有形成记录；形成的演练文件和记录等资料整理不及时、归档不规范，不能很好地反映演练中的真实情况。

建筑施工企业在开展应急演练时一定要端正应急演练态度和应急演练动机，选择符合建筑施工企业实际的演练形式。应急演练应重检验实际效果而不是重点放在"演戏"上面。应急演练应避免华而不实、为演练而演练的做法，一味追求应急演练的视觉和听觉效果，而忽视了开展应急演练的真正目的。

二、建筑施工企业应急演练的管理要求

（一）科学制定应急演练计划和方案

开展应急预案演练活动必须科学制订应急预案演练计划和详细的演练方案。演练计划要对参加演练范围、组织，演练的方式和内容，演练所需物资器材提出明确要求。演练方案要对参加演练的人员提出明确要求和分工，责任到人，做到组织严密、程序科学，防止"简单化、走过场"的现象；涉及社会救援的联合演练时，邀请相关部门、有关专家配合或直接参与，对演练方案进行审核，确保演练计划和方案科学合理。

（二）注重应急演练的全面性

建筑施工企业组织开展应急救援演练活动，应不断扩大应急救援演练的覆盖面，覆盖确认可能发生的所有突发事件类型。不能仅仅演练一种事件类型或者几种事件类型，而是要对所有事件类型都组织应急演练一遍。重点防止只演练主要突发应急事件类型，而忽视其他突发应急事件类型的演练。

（三）提高应急演练的针对性

应急演练要提高针对性，防止千篇一律、敷衍应付，杜绝轰轰烈烈搞演练、认认真真走过场。否则，一旦发生突发事件，将起不到任何作用。一方面，要根据建筑施工的特点开展应急救援演练活动。高处作业现场要针对高处坠落、物体打击等事件的应急处置进行演练；危化品储存和使用场所要针对火灾、爆炸等事件的应急处置进行演练；工棚、生活区等从业人员聚集场所要重点进行防火逃生演练；吊装现场要针对设备倾覆、起重伤害等事件的应急处置进行演练；脚手架、支架等临时设施搭设拆除现场要针对坍塌（倒塌）等事件的应急处置进行演练。另一方面要根据不同季节开展应急救援演练。如春季要搞好以防火为主要内容的消防演练，夏季组织好防汛、防泥石流等地质灾害事件的应急演练，冬季搞好防冻、防滑演练等。

（四）突出应急演练的真实性

应急演练应突出真实性，没有事先协调与彩排，而且要尽可能地还原并反映突发事件应急处置中真实的动态过程。通过开展应急演练，进一步发现问题与不足，进一步厘清角色和职责，进一步锻炼队伍、磨合机制，以期达到在应急演练中自然形成、默契配合的境界。

（五）保持应急演练的持续性

应急演练不是一个阶段性的工作，是一项常态化的长期工作，不可能依靠一两次的演练活动就解决一切问题。建筑施工企业要把应急演练当做一项日常的工作来对待，使之成为企业、员工的自觉行动，切实做到有备无患。只有通过经常性的演练活动，才能培养从业人员熟练掌握应对突发事件的技能，逐渐养成临危不惧、应对自如的心理素质，从而创造和谐稳定的施工生产环境。

（六）总结积累应急演练经验

认真总结应急预案演练的实战经验，善于发现演练过程中的不足和问题，做好演练过程中各个环节的记录，提出整改意见和措施，不断修订、完善应急预案和演练方案，提高实际应急救援能力。

第三节 建筑施工企业应急演练的组织与实施

应急演练组织与实施是一个从演练前的策划、准备到演练实施再到演练评估总结和改进的过程。一次完整的应急演练组织与实施过程可划分为应急演练策划、应急演练准备、应急演练实施、应急演练评估与总结和演练后续行动 5 个阶段，如图 5-1 所示。

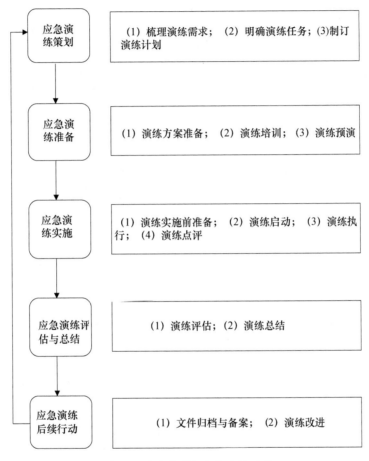

图 5-1 应急演练组织与实施过程

一、应急演练策划

应急演练策划的主要任务为明确演练需求，提出演练的基本构想和初步安排。包括梳理演练需求、明确演练任务、制订演练计划。

（一）梳理演练需求

建筑施工企业演练组织单位根据演练计划和实际需要提出初步演练目标、演练类型、演练范围。①规定演练目的，确定演练的原因、演练需要解决的问题，期望达到的效果，为演练活动指明总体目标。②分析演练需求，在对面临的风险和应急预案进行认真分析的基础上，确定哪些演练人员需要加强，哪些应急处置流程需要完善等。③确定演练范围，根据演练需求、资源、时间等条件的限制，确定演练的事件类型、等级、地

117

域及演练方式。

（二）明确演练任务

根据年度演练计划和演练需求，明确细化应急演练各个阶段的主要任务，对演练日程做好计划安排，如演练文件的编制、审定的要求期限、物资器材的准备期限、演练实施的日期等。

（三）制订演练计划

演练计划是演练组织单位根据实际情况，依据相关法律法规和应急预案的规定，对一个时间周期内各类应急演练活动作出的总体计划安排，是对拟举行演练的基本构想和准备活动的初步安排。一般以年为一个时间周期。主要包括：年度演练频次、演练类型、时间安排、参与人员、经费保障等。制定演练计划时应统一协调，避免重复和发生冲突，重点设计好以下内容：①演练内容是否紧贴实际需要；②演练的形式应先易后难，循序渐进；③演练的频次要适当分散；④演练的地点要满足事件情景需要。

二、应急演练准备

应急演练准备，顾名思义，就是指为保障应急演练顺利进行，在演练前所做的一系列准备工作，主要包括演练方案准备、演练培训、演练预演。

（一）演练方案准备

1. 编写演练方案

应急演练是应急预案从书面走向实战的桥梁，模拟演练不是简简单单地将预案中的应急程序或应急响应处置措施通过口头或行动表现出来，而是假设事件场景出现后，参与演练的应急人员应当顺利、有效地处置突发事件。应急演练方案是应急演练的行动指南。应急演练方案应以应急预案为基本框架，以演练人员的时间、动作节点和演练程序步骤为主要内容。编制演练方案，必须明确演练目的、背景、组织机构及演练人员、程序、评估标准和演练资金、物资、技术等。

2. 其他演练文件编制

其他演练文件是指除演练方案之外直接提供给参演人员文字材料的统称，主要包括参演人员手册、控制人员手册、观摩人员手册、演练通信录、演练脚本、演练规则等文件。这些文件可以单独编制，也可以根据应急演练的规模汇编应急演练指南或手册。

参演人员手册、控制人员手册、观摩人员手册等这些文件要依据不同岗位的职责和演练实际情况进行编写，旨在为参与应急演练的不同岗位的人员提供学习指导。

演练通信录是指关于演练人员通信联络方式及参演时所在位置的文件，提供的信息包括参演人员的姓名、职位、单位、演练过程中所处地理位置、主要职能、联系电话、电子邮箱等方面信息。

演练脚本一般采用表格形式，根据演练实际进程描述时间、场景、处置行动、指令旁白和解说词等。

演练规则包括演练活动规则与要求、演练操作程序与要求。演练活动规则与要求主要包括演练过程中的注意事项、现场纪律、现场设备的使用与整理、现场保障措施等内容；演练操作程序与要求，主要包括工作职责、分工、有关演练具体信息、程序的说明文件等内容，演练人员必须了解这些信息。

（二）演练培训

在演练之前，应组织应急演练方案和其他演练文件培训。通过培训，使参与人员进一步明确应急指挥机构及职责权限，熟悉演练程序和注意事项，采取正确措施以降低事件危害，提高应急演练效果。在演练方案批准后至演练开始前，所有演练参与人员都要经过应急基本知识、演练基本概念、演练现场规则、应急预案、应急技能及个体防护装备使用等方面的培训。对控制人员要进行岗位职责、演练过程控制和管理等方面的培训；对评估人员要进行岗位职责、演练评估方法、工具使用等方面的培训；对参演人员要进行应急预案、应急技能及个体防护装备使用等方面的培训。总之，通过应急演练知识的培训，使大家清楚牢记：一旦发生事件，第一时间反应"我做什么，如何做"。

（三）演练预演

一般情况下，应急演练正式实施前都要事先进行一次预演。尤其是开展大型综合性演练的时候，可在前期培训的基础上，在演练正式实施前，进行一次或多次预演。预演必须遵循先易后难、先分解后合练、循序渐进的原则。预演也可以采取与正式演练不同的形式，预演正式演练的某些或全部环节。

三、应急演练实施

应急演练实施是对演练方案付诸行动的过程，是整个演练过程的核心环节。应急演练实施的主要任务是根据演练方案，认真组织实施演练，全面记录演练的表现，为演练评估与总结收集信息。应急演练实施包括演练实施前准备、演练启动、演练执行、演练点评。

（一）演练实施前准备

1. 演练前通报

演练前通报至关重要。①对参演人员的通报，主要是提醒参演人员有关演练的重要事项，如各参演人员在演练当天就位时间、演练预计持续时间、演练现场布局基本情况、演练现场的注意事项、演练过程中对突发事件的处理方法等。②对外界的通报，如演练开始及持续时间、演练的基本内容、演练过程中可能对周边生活秩序带来的负面影响（如交通管制、噪声干扰等）和演练现场附近公众的注意事项等。

2. 演练前检查

演练前检查是整个应急演练前期准备工作的最后一环。一般在应急演练前一天进行检查。检查的内容包括各主要通道是否畅通、各功能区域之间的界限是否清晰、各种演练装备与器材是否正常使用、各项技术资料以及参演人员是否到位等。同时应联系参与演练的场外人员和部门，提醒有关注意事项。

3. 演练前动员

在演练前夕对控制人员、评估人员、演练人员进行演练动员，确保所有演练参与人员了解演练现场规则、演练情景和演练计划中与各自工作相关的内容。向演练人员发放演练人员工作手册，说明演练适用范围、演练大致日期（不说明具体时间）、参与演练的应急组织、演练目标、演练现场规则以及采取模拟方式进行演练的相关行动等信息。

（二）演练启动

演练目的和作用不同，演练启动形式也有所差异。示范性演练一般由演练总指挥或演练组织机构相关成员宣布演练开始并启动演练活动。检验性和研究性演练，一般在到达演练时间节点，演练场景出现后，自行启动。

（三）演练执行

1. 实战演练

应急演练多执行实战演练，有时候也执行桌面演练。应急演练活动一般始于报警消息。在此过程中，参演应急组织和人员应尽可能按实际紧急事件发生时的响应要求进行演示，即"自由演示"，由参演应急组织和人员根据自己关于最佳解决办法的理解，对情景事件做出响应行动。

2. 演练解说

在演练实施过程中，演练组织单位可以安排专人对演练过程进行解说。解说内容一般包括演练背景描述、进程讲解、案例介绍、环境渲染等。对于有演练脚本的大型综合性示范演练，可按照脚本中的解说词进行讲解。

3. 演练记录

演练实施过程中，一般要安排专门人员，采用多种手段记录演练过程。可安排专业人员和宣传人员在不同现场、不同角度进行拍摄，尽可能全方位反映演练实施过程。可安排专门人员做好文字、图片和声像的记录工作，必要时安排专业人员进行拍摄记录。应注意使用签到表、演练记录表、应急能力评价表、摄影、摄像等多种手段记录应急演练过程，并注意收集演练资料。

4. 演练宣传报道

按照演练宣传方案做好演练宣传报道工作，扩大演练的宣传教育效果。

（四）演练点评

演练结束后，所有人员停止演练活动，按预定方案集合并进行现场点评。现场点评是在演练的所有阶段结束后，由演练总指挥在演练现场有针对性地对演练的整个过程进行点评。点评主要内容包括演练开展的整体情况和收到的效果；演练组织情况；参演人员的表现；各演练程序的实施情况和评估结果；演练中存在的突出问题；提出完善预案的建议和措施。

四、应急演练评估与总结

应急演练结束后，进行演练评估与总结是应急演练的一个非常重要的步骤。评估与总结阶段的主要任务有：评估与总结演练参与单位在应急准备方面的问题和不足，明确改进的重点，提出改进计划。

（一）演练评估

演练评估是指观察和记录演练活动、比较演练人员表现与演练目标要求并提出所发现问题的过程。应急演练评估在全面分析演练记录及相关资料的基础上，对应急演练活动作出客观评价。评估与总结报告内容主要包括以下方面：

（1）演练目标，演练预期效果是否达到（应急演练准备、实施及执行情况）。

（2）预案的合理性与可操作性（指挥协调、应急处置和应急联动情况）。

（3）应急救援能力是否符合应急要求（参演队伍及人员实际表现、应急资源的适用性）。

（4）暴露出应急预案存在的问题。

（5）对完善应急准备、应急预案等方面的意见和建议等。

（二）演练总结

演练结束后，根据演练记录、演练评估、应急预案、现场总结等材料，对演练经验与教训进行系统和全面的总结，并形成演练总结报告。报告主要内容包括：演练背景信息，包括演练目标、演练地点、演练时间（起止）、演练项目和内容、演练过程中的环境条件和气象条件等；参与演练的单位（部门）、机构和人员；演练计划和方案；演练评估效果情况；演练中存在的问题和原因分析；明确改进所存在问题的对策措施（改进有关工作的建议）。

五、演练后续行动

（一）文件归档与备案

演练结束后，应将演练计划、演练方案、演练文件、各种演练记录（包括各种音像资料）、演练评估报告、演练总结报告等资料归档保存。对于由上级有关部门布置或参与组织的演练，或者法律、法规、规章要求备案的演练，应当将相关资料报有关部门备案。

（二）演练改进

改进阶段的主要任务有：按照改进计划，由相关单位实施落实，并对改进效果进行监督检查。对演练中暴露出来的问题，演练组织单位和参与单位应按照改进计划中规定的责任和时限要求，及时采取措施予以改进，包括修改完善应急预案、有针对性地加强应急人员的教育和培训、对应急物资装备有计划地更新等。

建筑施工企业组织综合应急演练时，可以按照"演练策划、演练准备、演练实施、演练评估与总结和演练后续行动"5个阶段进行。每个阶段的特点不同，每个阶段的实施内容各有侧重，当然解决演练的问题也不一样。这5个阶段构成一个"P（plan）、D（do）、C（check）、A（action）"的良性循环，逐步推动应急演练走向程序化、规范化。建筑施工企业在应急演练的过程中，组织从业人员开展以高空坠落、触电、物体打击、机械伤害和坍塌事故等现场处置方案为主的单项演练时，可将准备、实施、评估、总结等工作环节进行简化。

第四节　建筑施工企业常见应急演练文件的编写要求及示例

鉴于建筑施工企业应急演练的突发事件较多，为了帮助大家更好地掌握建筑施工企业常见应急演练文件的编写要求，本节选取某高速公路梁场生产安全事故应急演练方案、脚本、解说词的编写要求进行阐述，并提供相应的示例，供大家学习参考。

一、应急演练方案的编写要求及示例

（一）应急演练方案编写要求

编写演练方案是应急演练前期准备工作中非常重要的一环，是演练成功的关键。演

练方案是组织与实施应急演练的依据，涵盖演练过程的每一个环节，是针对开展的演练活动所作的具体安排。一般情况下，演练方案应包括演练目的、模拟事件背景、演练组织、演练实施、评估标准、演练保障、其他演练文件。这里介绍前6项内容。

1. 演练目的

从提高本单位生产安全事件自救能力出发，针对本单位突发事件预防和处置实际工作，明确演练要解决的问题和期望达到的效果。

2. 模拟事件背景

针对本单位危险性较大的场所、设备和岗位等，结合突发事件案例，明确演练所模拟的事件情况，包括事件的类型、时间地点、报警情况及事件发展态势、已造成的人员伤亡和财产损失情况和影响事件处置的其他因素等。

3. 演练组织

成立应急演练领导小组。应急演练领导小组的主要任务是：负责演练的策划、方案设计、组织实施；组织协调参演部门和人员，调集演练所需物资装备，购置和制作演练模型、道具、场景，准备演练场地，维持演练现场秩序，保障车辆供应，保障人员生活和安全等。在实际的演练组织过程中，演练组织机构的设置要依据演练设定的目标、演练的规模等实际情况而确定，不必全部照搬。

4. 演练实施

按时间顺序制订演练的具体实施程序，每项程序要包括实施人员、实施内容、时间安排和概要说明等。如演练实施程序复杂，涉及较多场所、参演单位和人员，为确保演练有序进行，可对演练程序进行细化后编制演练脚本。演练脚本一般采用表格形式，根据演练实际进程描述时间、场景、处置行动、指令旁白和解说词等。

5. 评估标准

根据预案和演练目标，对演练完成情况制订评估标准，评估对象包括演练组织的整体情况、参演人员的演练情况和有关演练的保障措施情况以及演练的实际效果等。

6. 演练保障

演练保障，实际上就是确保按照演练方案顺利实施演练活动，从人员、经费、场地、物资和器材、技术和安全方面做好各项保障工作。

（1）人员保障。在开展应急演练前，应明确演练总指挥、现场指挥等各级指挥人员，演练控制人员、参演人员、评估人员、模拟人员和观摩人员等，保证演练有序开展。合理安排工作，保证相关人员参与演练活动的时间；通过组织观摩学习和培训，提高演练人员素质和技能。

（2）经费保障。编制应急演练经费预算，纳入企业年度财务预算，并落实演练产生的经费。

（3）场地保障。根据演练方式和内容，选择合适的演练场地。桌面演练一般可选会议室等；实战演练应选择与实际情况相似的地点，并根据需要设置指挥部、集结点、接待点、救护点、停车点等设施。演练场地应有足够的空间，良好的交通、生活、卫生和安全条件，尽量避免干扰公众生产生活。

（4）物资和器材保障。根据需要，准备必要的演练材料、物资和器材，制作必要的模型设施等，主要包括信息材料、物资设备、通信器材和演练情景模型等。

（5）技术保障。根据技术保障方案的具体需要，保障应急演练所涉及的通信调度、移动指挥、应急信息管理系统等技术支撑系统的正常运转。

（6）安全保障。充分考虑应急演练实施中可能面临的风险，制订必要的应急演练安全保障措施，从而确保交通运输保障和参演人员的安全防护，并做好应急演练的安全保障工作。特别是开展大型或高风险综合应急演练活动必要时要制订专门应急预案，采取预防和控制措施。

（二）应急演练方案示例

××梁场生产安全事故应急演练方案

1　总则

1.1　应急演练目的

通过演练检验预案的科学性、可操作性，增强从业人员的安全意识，及时、有效开展应急处置，提高整体应急反应能力。

1.2　演练时间、地点

演练时间：××年××月××日下午××点。

演练地点：××高速公路第××合同段××梁场。

1.3　模拟事件背景

"××年××月××日下午××点，××高速公路第××合同段××梁场正在进行T梁模板吊装施工，安全员（××）突然发现龙门吊钢丝绳断丝严重，并有断裂趋势，马上发出报警信号，并通知带班班长组织现场施工人员迅速撤离，最终有2人撤离不及时被砸伤腿部，1人在撤离途中不慎碰到破损电线触电昏倒。"马上向项目经理报告。项目经理接到报告后立即启动事故应急预案并同时向公司总部、建设单位、地方政府相关部门报告情况。随后现场各应急小组接到命令，并立即展开现场应急救援，最终有3名工人被救出，送医院救治。在应急指挥部的正确指导下，经过各应急小组和医疗急救中心的共同努力，最后将险情控制。

2　应急演练组织机构及职责

成立现场应急演练领导小组，下设综合协调组、后勤保障组、抢险救援组、医疗救护组和善后处理组。

2.1　应急演练领导小组

总指挥：××

副总指挥：××

现场指挥：××

综合协调组：组长：××；组员：××、××

后勤保障组：组长：××；组员：××、××

抢险救援组：组长：××；组员：××、××

医疗救护组：组长：××；组员：××、××

善后处理组：组长：××；组员：××、××

应急演练领导小组职责为负责应急演练活动全过程的组织领导。

2.2 职责

（1）综合协调组。

职责：负责现场实施安全警戒，进行必要疏导及维持现场秩序工作。

（2）后勤保障组。

职责：负责将应急抢险救援物资设备快速送达抢险现场。

（3）抢险救援组。

职责：查看现场事发情况，确定初步抢险救援方案，根据确定的初步抢险救援方案，实施现场抢险救援。

（4）医疗救护组。

职责：负责现场受伤人员的初步检查，并协助医疗救护中心人员做好受伤人员的送医救治工作。

（5）善后处理组。

职责：负责演练结束及时清理现场，恢复现场正常生产秩序。

3 演练实施步骤

××（时间）：参演救护车在梁场大门口待命，演练相关物资全部准备到位，参加演练人员准时就位。××前集中，演练各组组长在现场演练指挥部××开会。

××（时间）：对现场进行清理，保持应急车道畅通，严禁闲杂人员进入。

××（时间）：观摩演练活动的相关人员进入观摩区。由××负责。

××（时间）：各组汇报准备情况及人员到位情况。

××（时间）：各组组长汇报准备情况和人员到位情况。

××（时间）：现场指挥报告总指挥，演练准备就绪，等待演练指令开始。

××（时间）：总指挥宣布演练注意事项，并宣布演练开始。

××（时间）：项目现场安全员现场巡视发现梁场某龙门吊吊装钢丝绳断裂，模板坠落压伤2人。通知作业人员马上撤离，并急促用手机向项目经理报告，同时打120急救电话报警。

××（时间）：项目经理立即启动应急救援预案，要求各应急组以最快时间赶赴现场集合。

××（时间）：项目经理向总指挥报告，总指挥发布指令：请控制好现场，立即组织救援。

××（时间）：项目经理向公司总部报告，公司总经理发布指令：请控制好现场，立即组织救援。

××（时间）：项目经理向政府应急管理局、交通运输局等相关部门报告，政府相关部门负责人发布指令：请控制好现场，立即组织救援。

××（时间）：综合协调组按照指令迅速在事发现场拉起安全警戒线，实施警戒和紧急疏散。马上与当地医疗机构、派出所及政府部门联系，并派人在路口等待引导救援车辆。

××（时间）：后勤保障组按照指令迅速将应急抢险救援设备物资送达救援现场。

××（时间）：抢险救援组按照指令携带救援工具赶赴现场，查看事发情况，确定初步抢险救援方案。根据抢险救援方案，先将故障龙门吊移走，再操作另一台龙门沿轨道运行到事发现场模板的上方，将压在伤者腿部的模板移走。

××（时间）：医疗救护组按照指令马上赶到现场对2名伤员开展救治工作。医疗救护组立即对2名伤员进行简单的伤口包扎，用担架将伤员运送安全地点，等待专业医护人员的到来。

××（时间）：抢险救援组发现有1名施工人员在撤离现场途中，不慎碰到地上破损电缆，触电昏倒。

××（时间）：抢险救援组组长向现场指挥报告触电伤者情况。

××（时间）：综合协调组、抢险救援组和医疗救护组按指令一同赶往事发现场进行救援。

××（时间）：综合协调组人员首先进行警戒，抢险救援组电工正在打开配电箱切断现场电源，医疗救护组人员对伤者进行胸外按压和人工呼吸，用担架将触电受伤者抬到安全地点，等待专业救护人员的到来。

××（时间）：当地医院救护车在综合协调组的引导下，鸣笛开到安全地点，救护人员配合专业医疗救护人员迅速将伤员抬上救护车，前往医院进行救治。救护车鸣笛离去。

××（时间）：善后处理组赶到现场后立即将安全警戒带撤除，将配电箱上锁，对破损的电缆进行绝缘处理，清理现场，恢复正常生产秩序。开展事故调查，进行善后工作。

××（时间）：现场应急救援工作已经完成，可能导致衍生伤害或二次伤害的危险已经消除。

××（时间）：召集人员集合列队。综合协调组报告人数清点情况完毕；后勤保障组报告人数清点情况完毕；抢险救援组报告人数清点情况完毕；医疗救护组报告人数清点情况完毕；善后处理组报告人数清点情况完毕。

××（时间）：现场指挥向总指挥报告：现场救援工作已经完成。

××（时间）：总指挥××宣布：应急演练结束。

××（时间）：演练总结、讲评。演练总指挥××讲话，对本次演练进行讲评。

4 演练保障

4.1 人员保障

按照应急演练过程中扮演的角色和承担的任务，将应急演练参与人员分为参演人员、控制人员、模拟人员和观摩人员，这四类人员在演练过程中都有着重要的作用，并且在演练过程中佩戴能表明其身份的识别标识（佩戴不同颜色的安全帽和胸卡）。还包括应急演练的文案、新闻宣传、评估等人员。演练人员职责角色分工如下表所示。

演练人员职责角色分工表

序号	人员类别		角色饰演	具体任务	备注
1	参演人员	在应急中承担具体任务，并在演练过程中尽可能对演练情景或模拟事件做出真实情景下可能采取的响应行动的人员	现场从业人员	医疗救护组：现场实施救护。抢险救援组：确定初步救援技术方案、现场救援。后勤保障组：送达应急物资设备。综合协调组：现场警戒维护秩序、内外协调。善后处理组：现场清理，恢复秩序等	1. 现场警戒，维持秩序。2. 送达应急救援物资设备。3. 确定初步方案，现场救援，解救被困人员。4. 开展现场伤员救护。5. 现场清理，恢复秩序	在演练过程中所有人员都应该佩戴能表明身份的识别标识
2	控制人员	根据演练情景，控制演练时间和进度的人员	应急演练组成员	总指挥：总责 副总指挥：负责× 现场指挥：负责× ……	1. 确保规定的演练项目得到充分的演练。2. 完成演练活动的任务。3. 确保演练进度。4. 解决演练过程中出现的问题。5. 保障演练过程安全	
3	模拟人员	演练过程中扮演或模拟紧急事件、事态发展的人员	现场部分从业人员	受伤人员 报警员	1. 模拟事故的发生过程 2. 模拟受害或受影响的人员	
4	观摩人员	负责观察演练进展情况并予以记录的人员	观摩的上级领导及其他相关人员	政府相关部门、建设方、监理方、企业相关人员等	指导，观摩，学习，借鉴	

4.2 经费保障

应急演练所需经费，在项目部安全费用中列支。

4.3 物资与器材保障

（1）信息材料保障：方案、演练指南等纸质文本及演示文档、各种图表、平面图、媒体报道、视频。

（2）物资保障：医药急救箱1个，急救药品，人模具1具，警戒隔离带，袖章标志，锥桶，担架2副，对讲机4台，手持扩音器1个、照相机摄像机各1台，遮阳棚8顶，劳动防护用品（服装、反光背心）30套，安全帽60顶等。

4.4 车辆保障

现场配置医疗救护车1辆，应急救援物资运输车1辆。

4.5 场地保障

根据需要设置指挥部、签字墙、观摩台、主席台、集结点、接待点、救护点、停车点等设施。演练场地具有良好的交通、生活、卫生和安全条件。

4.6　安全保障

（1）制订并严格遵守相关演练规则，根据需要为演练人员配备安全帽等个体防护用品。

（2）演练前，召开应急演练专题部署会，就演练内容、时间、地点和组织部门作具体详细安排，并就应急演练进行预演，确保应急演练有序进行、圆满成功。

（3）应急演练出现意外情况时，演练总指挥可视情况中止演练。

二、演练脚本的编写要求及示例

（一）演练脚本的编写要求

在文学上，脚本是指戏剧表演、电影拍摄、说唱等所依据的底本。脚本是故事的发展大纲，用以确定故事的发展方向。演练脚本其实也一样，是指突发事件应急演练这场"戏"的底本。演练脚本是应急演练方案具体操作实施所依据的文件，帮助参演人员全面掌握演练进程和内容。编写演练脚本的目的，在于确定突发事件演练的发展方向，确定在什么地点、什么时间，有哪些演练人员，演练人员的对白等，避免出现演练现场人员手忙脚乱、无所适从的情况。因此，编写应急演练脚本就显得格外重要。

演练脚本一般采用表格形式。主要内容包括：演练模拟事故情景；处置行动与执行人员；指令与对白、步骤及时间安排；视频背景与字幕等。

一个完整的演练脚本应包括以下内容：

（1）前言。介绍本次应急演练的目的、意义等，常有表示欢迎的内容。同时脚本需对正式演练中需要注意的事项或需要重点提醒的事项进行说明。

（2）演练具体方案。该部分就是应急演练脚本的核心内容了，需要清晰说明人员角色分工以及演练的过程（程序），尤其演练过程部分，需要以对白的方式描述清楚什么节点由谁发布什么命令等。

（二）演练脚本示例

科目	时间进程	情景及处置行动	指令、对白	视频字幕
演练准备阶段	××	演练前指挥部会议	视频背景	宣传片（根据实际需要播放）
	××	演练区域实施清场	主持人××： 演练区域清场完毕	本次演练的主要目的是检验××梁场生产安全事故后的现场应急处置能力。模拟的场景是"××年××月××日下午××点，××高速公路第××合同段××梁场正在进行T梁模板吊装施工，安全员（××）突然发现龙门吊钢丝绳断丝严重，并有断裂趋势，马上发出报警信号，并通知带班班长组织现场施工人员迅速撤离，最终有2人撤离不及时被砸伤腿部，1人在撤离途中不慎碰到破损电线触电昏倒"。马上向项目经理报告
	××	所有演练人员进场集合	主持人××： 演练人员集中到位	
	××	观摩人员进场	主持人××： 观摩人员进场就位完毕	
	××	演练组向现场指挥汇报准备情况和人员到位情况	综合协调组组长××： 报告现场指挥，准备就绪，人员就位完毕。 后勤保障组组长××： 报告现场指挥，准备就绪，人员就位完毕	

科目	时间进程	情景及处置行动	指令、对白	视频字幕
演练准备阶段	××	演练组向现场指挥汇报准备情况和人员到位情况	抢险救援组组长××： 报告现场指挥，准备就绪，人员就位完毕。 医疗救护组组长××： 报告现场指挥，准备就绪，人员就位完毕。 善后处理组组长××： 报告现场指挥，准备就绪，人员就位完毕	项目经理接到报告后立即启动事故应急预案并同时向公司总部、建设单位、地方政府相关部门报告情况。随后现场各应急小组接到命令，并立即展开现场应急救援，最终有3名工人被救出，送医院救治。在应急指挥部的正确指导下，经过各应急小组和医疗急救中心的共同努力，最后将险情控制
	××	现场指挥××向总指挥××报告各项准备工作完毕，等待演练指令开始	现场指挥××： 报告总指挥，××高速公路第××合同段××梁场生产安全事故应急演练准备就绪，请指示	
	××	演练开始	总指挥××： 现在，我宣布演练开始	
险情发生	××	现场安全员（××）马上向周围人员发出报警信号，并通知带班班长组织现场施工人员迅速向安全区域撤离。工人陆续从T梁预制区跑出，边跑边喊"出事了，出事了"		现场安全员（××）马上向周围人员发出报警信号，并通知现场施工人员迅速向安全区域撤离
	××	险情报告，启动预案	安全员（××）：报告项目经理，梁场T梁预制区处发生龙门吊起重伤害，现已发现2名工人被模板砸伤，请指示。 项目经理（××）：立即启动应急救援预案。 安全员（××）：是	安全员（××）向项目经理电话报告情况。 "项目应急救援领导小组立即赶到施工现场，启动应急救援预案。各小组成员迅速到达指定地点集合。"
信息传递	××	项目经理给公司总经理××、总指挥××、××政府应急管理局、交通运输局打电话汇报情况	项目经理（××）：总经理吗？我是××标项目经理××。 总经理：有什么事？请讲	接到报告后，项目经理立刻向公司总经理、总指挥和应急管理局、交通运输局等相关部门报告情况

科目	时间进程	情景及处置行动	指令、对白	视频字幕
信息传递	××	项目经理给公司总经理××、总指挥××、××政府应急管理局、交通运输局打电话汇报情况	项目经理（××）：我部××梁场 T 梁预制区处发生龙门吊起重伤害，有 2 名工人受伤，我部已启动应急响应程序，请指示。 总经理：请控制好现场，立即组织救援，我们马上赶到。 项目经理（××）：总指挥吗？我是××标项目经理××。 总指挥：有什么事？请讲。 项目经理（××）：我部××梁场 T 梁预制区处发生龙门吊起重伤害，有 2 名工人受伤，我部已启动应急响应程序，请指示。 总指挥：请控制好现场，立即组织救援，我们马上赶到。 项目经理（××）：是。 项目经理（××）：××应急管理局吗？我是××高速公路××标项目经理××。 ××应急管理局：有什么事？请讲。 项目经理（××）：我部××梁场 T 梁预制区处发生龙门吊起重伤害，有 2 名工人受伤，我部已启动应急响应程序，请指示。 ××应急管理局：请立即组织抢救，我们马上赶到。 项目经理（××）：是。 项目经理（××）：××交通运输局吗？我是××高速公路××标项目经理××。 ××交通运输局：有什么事，请讲。 项目经理（××）：我部××梁场 T 梁预制区处发生龙门吊起重伤害，有 2 名工人受伤，我部已启动应急响应程序，请指示。 ××交通运输局：请立即组织抢救，我们马上赶到。 项目经理（××）：是	接到报告后，项目经理立刻向公司总经理、总指挥和应急管理局、交通运输局等相关部门报告情况。

科目	时间进程	情景及处置行动	指令、对白	视频字幕
险情处置	××	下达险情处置指令	现场指挥（××）："综合协调组××，" 综合协调组组长（××）："到。" 现场指挥（××）：请你带领综合协调组成员立即在现场四周拉起安全警戒线，进行必要疏导及维持现场秩序。与当地医院、派出所及政府联系。 综合协调级组组长（××）：是。 现场指挥（××）：后勤保障组××。 后勤保障组组长（××）：到。 现场指挥（××）：请你带领后勤保障组成员立即将应急抢险与救援有关的设施设备、应急物资等送到抢险现场。 后勤保障组组长（××）：是 现场指挥（××）：抢险救援组××。 抢险救援组组长（××）：到。 现场指挥（××）：请你带领抢险救援组马上调集救援工具及设备赶往现场将模板清走，开展现场抢险处置。 抢险救援组组长（××）：是。 现场指挥（××）：医疗救护组××。 医疗救护组组长（××）：到。 现场指挥（××）：请你带领医疗救护组马上赶到现场抢救伤员开展伤员救治工作。 医疗救护组组长（××）：是	综合协调组到达事发现场，察看了现场情况后，立即拨打120急救电话，同时现场进行警戒，紧急疏散周边围观群众，对事发现场进行了拍照，以便为后续的事故调查提供原始证据。派人到梁场大门口做好救护车现场引导。 后勤保障组成员迅速将应急抢险与救援有关的设施设备、应急物资卸下并分门别类堆放在现场，为现场应急抢险救援和救护提供了强有力的物质保障。 抢险救援组在最短时间携带抢险救援所需工具，到达事发现场。认真察看事发现场情况，研究现场处置方案，将事发龙门沿轨道移开，清除现场救援障碍。将压在伤者身上的模板拴好挂上龙门吊钩，操作龙门吊钩升起将模板移开并运行在安全区域，等待医疗救护组人员救护伤员。 项目部在制订应急救援预案时，已与当地医院、派出所、政府等部门协作，形成联合救援系统，最大程度减少人员和财产损失。 医疗救护组携带担架、急救箱已到达事发现场，对2名受伤人员进行初步检查，立刻对伤者伤处进行清理和消毒，用纱布止血包扎

续表

科目	时间进程	情景及处置行动	指令、对白	视频字幕
险情处置	××	抢险救援组组长（××）："报告现场指挥，现场又发现1名工人在撤离现场的过程中触碰到破损电缆导致触电晕倒。"	现场指挥（××）：请医疗救护组、综合协调组、抢险救援组立即赶到现场进行处置。 医疗救护组组长（××）：是。 综合协调组组长（××）：是。 抢险救援组组长（××）：是 现场指挥（××）：善后处理组××。 善后处理组组长（××）：到。 现场指挥（××）：请你带领善后处理组成员马上赶到现场，清理现场，恢复秩序。 善后处理组组长（××）：是	综合协调组、抢险救援组和医疗救护组正在一同赶往事发现场。医疗救护人员立即察看触电伤者伤情，立刻对他进行心肺复苏抢救。积极配合专业医护人员做好伤者救治。 善后处理组赶到现场后立即将安全警戒带撤除，将配电箱上锁，对破损的电缆进行绝缘处理。 现在善后处理组清理现场完毕，恢复正常生产秩序
	××		现场指挥（××）：报告总指挥，受伤3人全部脱险，现场救援工作完成，请指示！ 总指挥：请展开事故调查，上报书面报告。 项目经理（××）：是	现场应急救援工作完成
演练结束	××	人员列队，各组汇报人员清点情况	总指挥（××）：所有演练人员集合。 综合协调组组长××：人员清点完毕。 抢险救援组组长××：人员清点完毕。 后勤保障组组长××：人员清点完毕。 医疗救护组组长××：人员清点完毕。 善后处理组组长××：人员清点完毕	清点人数
	××	汇报演练结束	主持人××：现在，我宣布演练结束。	演练结束
讲评	××	演练总结讲评	总指挥（××）讲评	现场讲评

三、演练解说词的编写要求及示例

（一）演练解说词的编写要求

与风景名胜解说词、实物图片展览解说词、影视新闻纪录片解说词一样，演练解说词是配合演练场景，用声音、文字、显示屏等手段说明、解释演练过程中的人或事的一种应用性的文体。它在演练过程中主要起着启承转合的作用。它通过对演练场景的准确描述以及词语的大力渲染，充分发挥视觉和听觉的作用，来感染参演人员和观摩人员，便于他们了解演练的来龙去脉和意义。

演练解说词的受众是参与演练的人员和观摩人员，主要通过语言的表达来介绍演练场景。所以，演练解说词要求通俗易懂，尽量做到大众化、口语化，读起来上口、听起来顺耳。

演练解说词通常是按照实际演练情景画面的顺序编写的。每个情景画面都有其相对的独立性，而且每一个情景画面在解说词里都要有相应的文字描述，所有情景画面构成演练解说的统一体。

（二）演练解说词示例

××梁场生产安全事故应急演练解说词

各位领导、各位来宾、各位同事：

大家下午好。

欢迎参加由××高速公路第××合同段主办的××年梁场生产安全事故综合应急演练。请各参演人员检查演练装备，演练即将开始。

首先，请允许我介绍参加现场演练观摩的主要领导，他们是：××、××、××、××、××、××、××。参加现场演练观摩的还有××、××、××、××，让我们用热烈的掌声欢迎他们的到来。

本次演练的主要目的是检验在发生梁场生产安全事故后的现场应急处置能力，××担任演练总指挥，××担任演练现场指挥。

本次演练模拟场景为：××年××月××日下午××点，××高速公路第××合同段梁场正在进行 T 梁模板吊装施工，现场安全员（××）突然发现龙门吊钢丝绳断丝严重，并有断裂发展趋势，马上发出报警信号，并通知带班班长组织现场施工人员迅速撤离，最终有 2 人撤离不及时被砸伤腿部，1 人在撤离途中不慎碰到破损电线触电昏倒。马上向项目经理报告。项目经理接到报告后立即启动事故应急预案并同时向公司总部、建设单位、地方政府相关部门报告情况。随后现场各应急小组接到命令，并立即展开现场应急救援，最终有 3 名工人被救出，送医院救治。在应急指挥部的正确指导下，经过各应急小组和医疗急救中心的共同努力，最后将险情控制。

场景 1：演练组向现场指挥××汇报准备情况及人员到位情况。

场景 2：现场指挥（××）向总指挥（××）报告：报告总指挥，××高速公路第××合同段××梁场生产安全事故应急演练准备就绪，请指示。

总指挥（××）：演练开始。

现场指挥（××）：是。

解说员（××）：各位领导、各位来宾，应急演练组已准备基本就绪，演练马上开始，请大家屏住呼吸，凝神贯注观摩演练。

场景3：现场安全员（××）马上向周围人员发出报警信号，并通知带班班长组织现场施工人员迅速向安全区域撤离。工人陆续从T梁预制区跑出，边跑边喊"出事了，出事了"。

解说员（××）：××年××月××日上午××点，××高速公路第××合同段正在预制梁板。现场安全员（××）在梁场进行安全巡查时，突然发现正在T梁模板吊装的龙门吊钢丝绳断丝严重，并有断裂发展趋势，马上向周围人员发出报警信号，并通知带班班长组织现场施工人员迅速向安全区域撤离。现场施工人员在带班班长的带领下陆续从T梁预制区跑出撤离，有2人没来得及撤离被模板砸伤腿部。与此同时，安全员正向项目经理（××）电话报告情况。

场景4：安全员（××）：报告项目经理，梁场T梁预制区处发生龙门吊起重伤害，现已发现2名工人被模板砸伤，请指示。

项目经理（××）：立即启动应急救援预案。

安全员（××）：是。

解说员（××）：项目应急救援领导小组立即赶到施工现场，启动应急救援预案。各小组成员迅速到达指定地点集合。

场景5：项目经理给公司总经理××、总指挥××、××政府应急管理局、交通运输局打电话汇报情况。

项目经理（××）：总经理吗？我是××标项目经理××。

总经理：有什么事？请讲。

项目经理（××）：我部××梁场T梁预制区处发生龙门吊起重伤害，有2名工人受伤，我部已启动应急响应程序，请指示。

总经理：请控制好现场，立即组织救援，我们马上赶到。

项目经理（××）：总指挥吗？我是××标项目经理××。

总指挥：有什么事？请讲。

项目经理（××）：我部××梁场T梁预制区处发生龙门吊起重伤害，有2名工人受伤，我部已启动应急响应程序，请指示。

总指挥：请控制好现场，立即组织救援，我们马上赶到。

项目经理（××）：是。

项目经理（××）：××应急管理局吗？我是××高速公路××标项目经理××。

××应急管理局：有什么事？请讲。

项目经理（××）：我部××梁场T梁预制区处发生龙门吊起重伤害，有2名工人受伤，我部已启动应急响应程序，请指示。

××应急管理局：请立即组织抢救，我们马上赶到。

项目经理（××）：是。

项目经理（××）：××交通运输局吗？我是××高速公路××标项目经理××。

××交通运输局：有什么事？请讲。

项目经理（××）：我部××梁场T梁预制区处发生龙门吊起重伤害，有2名工人受伤，我部已启动应急响应程序，请指示。

××交通运输局：请立即组织抢救，我们马上赶到。

项目经理（××）：是。

场景6：各应急小组在等待现场指挥发布指令。

现场指挥（××）：综合协调组××。

综合协调组组长（××）：到。

现场指挥（××）：请你带领综合协调组成员立即在现场四周拉起安全警戒线，进行必要疏导及维持现场秩序。马上与当地医院、派出所及政府联系。

综合协调组组长（××）：是。

场景7：综合协调组成员在现场四周拉起安全警戒线。

解说员（××）：最先到达现场的是综合协调组，他们正赶往现场，现在已经到达事发现场。他们察看了现场情况后，在现场拉起了安全警戒线，现场进行警戒，防止无关人员进入事发区域，紧急疏散周边围观群众。同时综合协调组成员对事发现场进行了拍照，以便为后续的事故调查提供原始证据。

场景8：综合协调组成员立即拨打120急救电话。

综合协调组组长（××）：是120急救中心吗？

120（××）：你好，这是120急救中心，有什么事？请讲。

综合协调组组长（××）：我们是××高速公路第××段，在××，因梁场发生起重伤害事故，请求你们到现场救治伤员。

120（××）：请先组织人员将伤员抬至安全区域，进行现场急救，并在附近路口接应，我们马上就到。

综合协调组组长（××）：是。

解说员（××）：项目部在制订应急救援预案时，已与当地医院、派出所、政府等部门协作，形成联合救援系统，最大程度减少人员和财产损失。

综合协调组组长（××）详细描述了两位工人的受伤状况及其他信息。派人跑步赶赴梁场大门口做好救护车现场引导。1名综合协调组成员正在跑向梁场大门口，等待、引导救援车辆。

现场指挥（××）：后勤保障组××。

后勤保障组组长（××）：到。

现场指挥（××）：请你带领后勤保障组成员立即将应急抢险与救援有关的设施设备、应急物资等送到抢险现场。

后勤保障组组长（××）：是。

场景9：后勤保障组运输应急物资、设备的车辆现在已经到达现场。

解说员（××）：接下来到达现场的是后勤保障组，他们的职责是立即将应急抢险与救援需要的设施设备、应急物资等送达抢险现场。大家往远处看，运输应急物资的车辆现在已经到达现场，后勤保障组成员迅速将应急抢险与救援有关的设施设备、应急物资卸下并分门别类堆放在现场。这些设施设备、应急物资包括急救箱、急救包、担架等医疗急救工具和钢丝绳等抢险救援工具，种类非常齐全，为现场应急抢险救援和救护提供了强有力的物质保障。

现场指挥（××）：抢险救援组××。

抢险救援组组长（××）：到。

现场指挥（××）：请你带领抢险救援组马上调集救援工具及设备赶往现场将模板清走，开展现场抢险处置。

抢险救援组组长（××）：是。

场景 10：抢险救援组携带救援工具赶赴现场抢险救援。

解说员（××）：现在到达现场的是抢险救援组，他们的职责是移开清走压在伤者腿部的模板，为医疗救护组人员救护伤员赢得宝贵的救治时间。

他们在最短时间携带抢险救援所需工具，到达事发现场。

到达现场后，抢险救援组人员认真察看事发现场情况，研究现场处置方案。经过商讨沟通，他们决定使用龙门吊进行抢险救援。

现在大家看到的是抢险救援组人员正将事发龙门沿轨道移开，清除现场救援障碍。看，他们正在操作另一台龙门沿轨道运行到事发现场模板的上方，将龙门吊钩徐徐放下，利用携带的钢筋绳将压在伤者身上的模板拴好挂上龙门吊钩，操作龙门吊钩升起将模板移开并运行在安全区域，将钢筋绳取下，将龙门吊钩收起，等待医疗救护组人员救护伤员。

现场指挥（××）：

医疗救护组××。

医疗救护组组长（××）：到。

现场指挥（××）：请你带领医疗救护组马上赶到现场抢救伤员开展伤员救治工作。

医疗救护组组长（××）：是。

场景 11：医疗救护组携带急救箱、担架等救护工具跑步到现场进行人员救护。

解说员（××）：现在到达现场的是医疗救护组。他们携带担架、急救箱已到达事发现场，他们赶到后立即对躺在地上的两名受伤人员进行初步检查。经查，他们发现伤者腿部有大面积创伤，出血较多，于是立刻对伤者伤处及周边皮肤进行清理和消毒，从急救箱中拿出医用纱布止血包扎。

基础护理后，他们将伤者放在担架上，并抬至安全地方，等待专业医护人员的到来。

场景 12：抢险救援组组长（××）发现有一名施工人员在撤离现场途中，不慎碰到地上破损电缆，触电昏倒，向现场指挥报告伤者触电情况。

现场指挥（××）：请医疗救护组、综合协调组、抢险救援组立即赶到现场进行处置。

医疗救护组组长（××）：是。

综合协调组组长（××）：是。

抢险救援组组长（××）：是。

解说员（××）：大家现在往远处看，远处综合协调组、抢险救援组和医疗救护组正在一同赶往事发现场。到达现场后，综合协调组人员首先进行警戒，防止无关人员进入现场。抢险救援组电工正在打开配电箱切断现场电源，医疗救护组人员立即察看伤者伤情，发现该伤者呼吸微弱、心跳减慢，决定立刻对他进行心肺复苏抢救。

现在医疗救护组人员对伤者进行胸外按压和人工呼吸。经过急救，伤者仍未有苏醒迹象。但是他们没有放弃，继续进行胸外按压和人工呼吸急救。经过医疗救护组人员的不懈努力，伤者终于苏醒。

现在，他们正用担架将触电受伤者抬到安全地点，等待专业救护人员的到来。

场景13：当地医院救护车鸣笛驶来即将到达现场。

解说员（××）：各位领导、各位来宾、同事们，请注意：120急救中心接到报警后，经过10分钟的路程，在梁场大门口经引导员的指引，即将到达现场。

场景14：当地医院救护车鸣笛到达现场。

解说员（××）：现在急救车已经到达现场，现场医疗救护组人员正积极配合专业医护人员做好伤者救治。专业医护人员对伤者的伤情进行诊断并进行了紧急处理。急救车立即将伤者送往医院进行救治。救护车鸣笛离去。

现场指挥（××）：善后处理组××。

善后处理组组长（××）：到。

现场指挥（××）：请你带领善后处理组成员马上赶到现场，清理现场，恢复秩序。

善后处理组组长（××）：是。

场景15：善后处理组到达现场。

解说员（××）：最后到达现场的是善后处理组。善后处理组赶到现场后立即将安全警戒带撤除，将配电箱上锁，对破损的电缆进行绝缘处理。现在善后处理组清理现场完毕，恢复正常生产秩序。

场景16：现场指挥报告现场救援工作情况。

现场指挥（××）：报告总指挥，受伤3人全部脱险，现场救援工作完成，请指示。

总指挥：请展开事故调查，上报书面报告。

现场指挥（××）：是。

场景17：人员列队，各应急小组汇报人员清点情况。

解说员（××）：各位领导，各位来宾，在广大同仁及各救援小组的共同努力下，梁场生产安全事故被成功处置，现场人员得到有序疏散，3名伤员也得到了及时救治。

主持人宣布应急演练结束。

第六章　建筑施工企业应急管理档案与台账

第一节　建筑施工企业应急管理档案

一、应急管理档案的含义

关于档案的定义，中华人民共和国档案行业标准《档案工作基本术语》（DA/T 1—2000）将档案表述为："国家机构、社会组织或个人在社会活动中直接形成的有价值的各种形式的历史记录。"这是现行的定义表述。我们如果给应急管理档案下个定义的话，应急管理档案是指在应急管理过程中直接形成的反映一个组织应急管理整体情况的一整套系统资料。这个定义有以下含义。

1. 应急管理档案是历史记录

应急管理档案是应急管理过程中直接形成的有价值的历史记录，而且是清晰的、确定的、具有完整记录作用的固化信息。

2. 应急管理档案是一整套系统资料

应急管理档案不是应急管理某一方面形成的资料，而是包括应急管理过程中形成的各类文件、工作计划、工作汇报、各种台账，是由一切文字、图表、声像等形式形成的反映应急管理整体情况的一整套系统资料。

二、建筑施工企业应急管理档案的作用

建筑施工企业应急管理档案是建筑施工企业应急管理非常重要的资料，在应急管理工作当中起着非常重要的作用。主要表现在如下方面。

1. 再现应急管理工作开展情况

建筑施工企业应急管理工作是一个动态过程，只有将应急管理工作的活动过程通过档案进行详细反映，才能得以再现应急管理工作活动的具体情况。建筑施工企业应急管理档案是应急管理工作的各项具体活动、采取的各项措施以及应急管理工作成效的具体反映。

2. 验证应急管理工作的凭证、依据

建筑施工企业应急管理档案是应急管理工作的一项重要内容，是建筑施工企业应急管理工作的重要基础性工作，也是记录建筑施工企业应急预防、准备、响应、恢复等阶段过程情况的文件材料，发挥着应急管理凭证、依据的作用。

3. 规范企业应急管理工作基础

建筑施工企业应急管理档案是政府部门、有关单位了解建筑施工企业应急管理工作状况的重要手段和检查应急管理工作的重要依据。通过及时归档应急管理过程中形成的相关资料，分类保存，指导企业应急管理工作逐步趋向规范化。

三、建筑施工企业应急管理档案的分类

建筑施工企业应急管理档案分为电子档案和纸质档案两类。电子档案是指储存在计算机里面的记录应急管理工作状况的电子文档和电子文件。纸质档案是指应急管理过程中分门别类、归档整理形成的便于检索追溯的一系列文件、台账资料。建筑施工企业应急管理档案一般包括以下几类。

1. 法律法规类

建筑施工企业法律法规类档案包括与建筑施工企业应急管理有关的法律、法规、部门规章、标准目录及文本，地方政府部门发布的应急管理有关的规范性文件以及上级公司发布的有关应急管理工作的文件等。

2. 管理制度类

建筑施工企业管理制度类档案包括建筑施工企业按国家现行法律法规、应急管理工作要求制订并执行的应急管理方面的制度，包括应急预案管理制度、应急演练制度、应急宣传教育制度、应急物资储备管理制度、应急会议制度、应急队伍管理制度、应急值班制度、突发事件信息报告及应急响应处置制度、应急管理档案与台账管理制度等。

3. 组织体系类

建筑施工企业组织体系类档案包括建筑施工企业应急管理机构的设置文件，应急人员配备文件及应急人员的名单、构成、联系方式，应急管理机构和人员的应急工作职责，应急管理组织体系图、组织体系更新变化记录以及安全生产应急管理责任制建立资料等。

4. 应急救援队伍类

建筑施工企业应急救援队伍类档案包括建筑施工企业专（兼）职应急救援队伍配备情况、应急队伍管理培训、训练记录、与邻近救援队伍签订的救援协议等。

5. 宣传教育类

建筑施工企业宣传教育类档案包括建筑施工企业开展从业人员岗位应急知识教育和自救互救、避险逃生技能培训记录及编制的应急教育方面的手册等。

6. 预案管理类

建筑施工企业预案管理类档案包括建筑施工企业编制的各类应急预案（含综合应急预案、专项应急预案、现场处置方案和重点岗位应急处置卡）发布前预案评审、发布文件、发放记录、修改记录、专家审查意见和应急预案备案表、应急预案培训记录等。

7. 应急演练类

建筑施工企业应急演练类档案包括建筑施工企业应急演练计划、应急演练方案、应急演练记录、演练评价记录、应急能力评价记录、演练总结报告以及与演练有关的影像资料和文字资料等。

8. 应急资源类

建筑施工企业应急资源类档案包括建筑施工企业应急救援器材设备和物资验收、登记台账、现场应急救援器材设备和物资配置、检查维护状况记录等。

9. 其他类

建筑施工企业其他类应急管理档案包括应急会议记录、应急值班记录、现场应急告知记录（如危险因素、主要事故类型和应急处置方法等）、应急处置影像资料和记录等。

第二节 建筑施工企业应急管理台账

建筑施工企业应急管理台账是建筑施工企业在应急管理过程中直接形成的记录格式与数据，是建筑施工企业应急管理档案的重要组成部分。加强应急管理台账建设，对进一步推进建筑施工企业应急管理工作规范化具有重要的意义。

为了帮助建筑施工企业规范和完善应急管理台账，本节列出了主要的应急管理台账式样，见表6-1，并给出了台账式样示例。建筑施工企业自身规模、组织结构、经营特点、安全生产情况各不相同，本节列出的台账式样及示例并不能涵盖应急管理台账资料的全部，建筑施工企业可结合工作实际在本台账的基础上建立健全应急管理台账。

一、台账式样汇总表（表6-1）

表6-1 台账式样汇总表

序号		台账类别	台账名称	备注
1	1.1	法律法规	应急管理法律法规清单	表6-2
	1.2		上级文件接收登记表	表6-3
2	2.1	管理制度	应急管理制度登记台账	表6-4
	2.2		应急管理制度修订台账	表6-5
	2.3		应急管理制度修订记录表	表6-6
3	3.1	组织体系	应急管理机构登记台账	表6-7
	3.2		应急管理机构人员花名册	表6-8
4	4.1	应急救援队伍	应急救援队伍人员花名册	表6-9
	4.2		应急救援队伍人员培训记录台账	表6-10
	4.3		应急救援队伍日常训练台账	表6-11
5	5.1	宣传教育	应急工作教育培训台账	表6-12
	5.2		应急知识教育培训记录表	表6-13
6	6.1	预案管理	应急预案登记台账	表5-14
7	7.1	应急演练	应急预案演练台账	表6-15
	7.2		应急演练活动记录表	表6-16
	7.3		应急演练评价表	表6-17
8	8.1	应急资源	应急救援器材设备和物资验收、登记台账	表6-18
	8.2		应急救援器材设备和物资使用检查、维护状况一览表	表6-19
9	9.1	其他	应急工作会议台账	表6-20
	9.2		应急工作会议记录表	表6-21

二、台账式样示例

(一)法律法规类式样示例(表6-2、表6-3)

1. 应急管理法律法规清单

表6-2 应急管理法律法规清单

序号	法律法规名称	编号/标志	实施日期	备注

注:法律法规、部门规章、标准附后。

2. 上级文件接收登记表

表 6-3　上级文件接收登记表

收文日期	收文序号	来文机关	文号	文件标题	处理情况

注：文件附后。

（二）管理制度类式样示例（表6-4、6-5、6-6）

1. 应急管理制度登记台账

表6-4　应急管理制度登记台账

序号	名　称	颁布日期	备注

注：应急管理制度附后装订成册（汇编）。

2. 应急管理制度修订台账

表 6-5 应急管理制度修订台账

序号	名　称	修订条款及主要内容	重新颁布日期	备注

注：修订后的应急管理制度及修订记录附后。

3. 应急管理制度修订记录表

表 6-6　应急管理制度修订记录表

制度名称			文件编号	
修订前		修订后		
条款	内容	条款	内容	

（三）组织体系类式样示例（表6-7、表6-8）

1. 应急管理机构登记台账

表 6-7　应急管理机构登记台账

序号	机构名称	发文文号	发文单位	成立时间	备注

注：应急管理机构发文附后。

2. 应急管理机构人员花名册

表 6-8　应急管理机构人员花名册

应急管理机构职务	姓　名	性别	年龄	单位（部门）	联系方式	备注

（四）应急救援队伍类式样示例（表6-9、表6-10、表6-11）

1. 应急救援队伍人员花名册

表6-9　应急救援队伍人员花名册

序号	单位	姓　名	性别	年龄	联系方式	备注

2. 应急救援队伍人员培训记录台账

表 6-10　应急救援队伍人员培训记录台账

序号	培训时间	队伍名称	培训内容	地点	人数	备注

注：应急救援队伍培训记录及资料附后。

3. 应急救援队伍日常训练台账

表 6-11 应急救援队伍日常训练台账

序号	时间	队伍名称	训练内容	地点	人数	备注

注：应急救援队伍日常训练记录及资料附后。

（五）宣传教育类式样示例（表6-12、表6-13）

1. 应急工作教育培训台账

表6-12　应急工作教育培训台账

序号	培训时间	培训地点	培训内容	培训方式	培训对象、人数	备注

注：应急工作教育培训记录及资料附后。

2. 应急知识教育培训记录表

表 6-13 应急知识教育培训记录表

时间			学时		地点	
主办机构			培训对象		培训人数	
培训主题						
培训内容						

	姓名	职务或工种	姓名	职务或工种	姓名	职务或工种
培训人员签字						

注：培训人员签字可自制续页或另制作签字表代替。

（六）预案管理类式样示例（表6-14）

表6-14　应急预案登记台账

序号	预案名称	预案类型	发文字号	发文时间	是否备案	是否修订	是否培训	备注

注：1. 应急预案发布文件及评审、修订、备案、培训记录附后；

　　2. 应急预案评审、备案记录格式按政府部门规定执行；

　　3. 应急预案修订、培训记录格式参照制度修订和应急培训记录格式。

（七）应急演练类式样示例（表6-15、表6-16、表6-17）

1. 应急预案演练台账

表 6-15　应急预案演练台账

序号	预案名称	演练时间	演练地点	演练规模（人数）	演练类型	备注

注：应急预案演练记录及资料附后。

2. 应急演练活动记录表

表 6-16　应急演练活动记录表

应急演练名称		组织人		演练时间	
应急预案编号		演练地点		记录人	
演练目的及内容					
演练经过					
参加人员及分组					
演练总结					

3. 应急演练评价表

表 6-17 应急演练评价表

预案名称		演练时间	年 月 日
演练地点		演练类别	□实际演练 □桌面演练 □提问讨论式演练 □全部预案 □部分预案
演练内容			
演练过程描述			
预案适宜性 充分性评审	适宜性	□全部能够执行 □执行过程不够顺利 □明显不适宜	
	充分性	□完全满足应急要求 □基本满足需要完善 □不充分，必须修改	
演练效果评审	人员到位情况	□迅速准确 □基本按时到位 □个别人员不到位 □重点部位人员不到位	
	人员消防知识 掌握情况		
	应急职责情况	□职责明确，操作熟练 □职责明确，操作不够熟练 □职责不明，操作不熟练	
	物资到位情况	□现场物资充分，全部有效 □现场准备不充分 □现场物资严重缺乏	
	个人防护	□全部人员防护到位□个别人员防护不到位 □大部分人员防护不到位	
	协调组织情况	□准确、高效 □协调基本顺利，能满足要求 □效率低，有待改进	
	抢险组分工	□合理、高效 □基本合理，能完成任务 □效率低，没有完成任务	
实战效果评审	□达到预期目标 □基本达到目的，部分环节有待改进 □没有达到目标，须重新演练		
外部支援效果 评审	报告情况	□报告及时 □联系不上	
	消防部门	□按要求协作 □行动迟缓	
	医疗救援部门	□按要求协作 □行动迟	
存在的问题和改 进措施	存在的问题		
	改进措施		

（八）应急资源类式样示例（表6-18、表6-19）

1. 应急救援器材设备和物资验收、登记台账

表6-18 应急救援器材设备和物资验收、登记台账

序号	名称	规格型号	产品合格证	存储地点	登记日期	登记部门	验收人	备注

注：应急救援器材设备和物资验收、登记记录及影像资料附后。

2. 应急救援器材设备和物资使用检查、维护状况一览表

表 6-19 应急救援器材设备和物资使用检查、维护状况一览表

序号	名称	规格型号	产品合格证	存储地点	检查日期	检查部门	检查人	维护状况

注：应急救援器材设备和物资使用检查、维护影像资料附后。

（九）其他类式样示例（见表 6-20、表 6-21）

1. 应急工作会议台账

表 6-20　应急工作会议台账

序号	会议名称	主要内容	参会人数	备注

2. 应急工作会议记录表

表 6-21 应急工作会议记录表

会议时间		会议地点	
主持人		记录人	
会议记录			
参会人员签字	姓名	职务（工种）	姓名	职务（工种）

注：1. 参会人员签字及会议记录可自制续页；

2. 参会人员签字可另制作签到表。

附　　录

附录I　应急管理相关术语

1. 事件（incident）

发生或可能发生与工作相关的健康损害、人身伤亡、财产损失与环境破坏的情况。紧急情况是一种特殊类型的事件。

2. 未遂事件（attempted）

未发生健康损害、人身伤亡、财产损失与环境破坏的事件。

3. 突发事件（emergency）

突然发生、造成或者可能造成重大人员伤亡、财产损失、环境破坏及造成严重社会危害，需要采取应急处置措施予以应对的自然灾害、事故灾难、公共卫生事件和社会安全事件。

4. 次生、衍生事件（secondary derivative events）

某一突发事件所派生或者因处置不当而引发的其他事件。

5. 耦合事件（coupling events）

在同一区域、同一时段内发生的两个以上相互关联的突发事件。

6. 事故（accident）

造成死亡、疾病、伤害、损坏或者其他损失的意外情况。

7. 危险源（hazard）

可能导致人身伤害、财产损失或健康损害的根源、状态或行为，或其组合。

8. 危险源辨识（hazard identification）

识别危险源的存在并确定其特性的过程。

9. 风险（risk）

发生危险事件或有害暴露的可能性，与随之引发的人身伤害、财产损失或健康损害的严重性的组合。

10. 风险评估（risk assessment）

对危险源导致的风险进行评估、对现有控制措施的充分性加以考虑以及对风险是否可接受

11. 应急预案（emergency response plan）

针对可能发生的事件，为最大程度减少事件损害，迅速、有序地开展应急行动而预先制订的应急准备工作方案。

12. 应急预案评估（emergency response plan assessment）

对应急预案内容的适用性所开展的分析过程。

13. 应急准备（emergency preparedness）

针对可能发生的事件，为迅速、有序地开展应急行动而预先进行的组织准备和应急保障。

14. 应急响应（emergency response）

事件发生后，依据应急预案而采取的应急行动。

15. 应急救援（emergency rescue）

在应急响应过程中，为消除、减少事件危害，防止事件扩大或恶化，最大限度地降低事件造成的损失或危害而采取的救援措施或行动。

16. 恢复（recovery）

事件的影响得到初步控制后，为使生产、工作、生活和生态环境尽快恢复到正常状态而采取的措施或行动。

17. 事件情景（accident scenario）

针对可能发生的事件情景，而预先设定的事件情况（包括事件发生的时间、地点、特征、波及范围及变化趋势）。

18. 应急演练（emergency exercise）

针对可能发生的事件情景，依据应急预案而模拟开展的应急活动。

19. 综合演练（complex exercise）

针对应急预案中多项或全部应急响应功能开展的演练活动。

20. 单项演练（individual exercise）

针对应急预案中某项应急响应功能开展的演练活动。

21. 实战演练（field exercise）

根据设定事件情景，选择（或模拟）生产经营活动中的设备、设施、装置或场所，利用各类应急器材、装备、物资，模拟真实应急响应的演练活动。

22. 桌面演练（tabletop exercise）

针对事故情景，利用图纸、沙盘、流程图、计算机、视频等辅助手段，依据应急预案而进行交互式讨论或推演的演练活动。

附录Ⅱ　建筑施工现场急救常识

在工程施工过程中，施工现场急救常识主要包括触电急救常识、外伤急救常识、中暑急救常识、中毒急救常识等。

一、触电急救常识

(一) 触电类型

电击伤俗称触电，是由于电流通过人体所致的损伤。大多数是因人体直接接触电源所致，也有人被数千伏以上的高压电或雷电击伤。

接触 1000V 以上的高压电者多出现呼吸停止，200V 以下的低压电易引起心肌纤颤及心搏停止，220V～1000V 的电压可致心脏和呼吸中枢同时麻痹。触电局部可有深度灼伤，而呈焦黄色，与周围正常组织分界清楚，有 2 处以上的创口，1 个入口、1 个或几个出口，重者创面深及皮下组织、肌腱、肌肉、神经，甚至深达骨骼，呈炭化状态。

(二) 急救要点

(1) 发现伤者神志清醒，呼吸、心跳均自主，立即让伤员就地平卧，严密观察，暂时不要让其站立或走动，防止继发休克或心衰。

(2) 对于呼吸停止、心搏存在者，应让其就地平卧，解松衣扣，通畅气道，立即进行口对口人工呼吸，有条件的可气管插管，加压氧气人工呼吸。也可针刺人中、十宣、涌泉等穴位，或给予呼吸兴奋剂（如山梗菜碱、咖啡因、可拉明等）。

(3) 对于心搏停止、呼吸存在者，应立即作胸外心脏按压。

(4) 对于呼吸、心跳均停止者，则应在人工呼吸的同时施行胸外心脏按压，以建立呼吸和循环，恢复全身器官的氧供应。现场抢救最好能两人分别施行口对口人工呼吸及胸外心脏按压，以 1∶5 的比例进行，即人工呼吸 1 次，心脏按压 5 次。如现场抢救仅有 1 人，用 15∶2 的比例进行胸外心脏按压和人工呼吸，即先作胸外心脏按压 15 次，再口对口人工呼吸 2 次，如此交替进行，抢救一定要坚持到底。

(5) 处理电击伤时，应注意有无其他损伤。如触电后弹离电源或自高空跌下，常并发颅脑外伤、血气胸、内脏破裂、四肢或骨盆骨折等。如有外伤，需与灼伤同时处理。

(6) 现场抢救中，不要随意移动伤员。确需移动时，抢救中断时间不应超过 30 秒。移动伤员或将其送医院，除应使伤员平躺在担架上并在背部垫以平硬阔木板外，应继续抢救，心跳、呼吸停止者要继续进行人工呼吸和胸外心脏按压，在医院医务人员未接替前救治不能中止。

二、外伤急救常识

(一) 外伤出血急救要点

(1) 清洗创面。用流动的自来水冲洗创面，然后用干净的布或敷料吸干伤口。

(2) 及时止血。用手在伤口上实行指压以阻止出血。

(3) 包扎固定。使用消毒的敷料或清洁的纱布覆盖创面，再用绷带、毛巾、布块等包扎。

（4）外伤出血严重时应就近选择医院治疗。

（二）闭合性创伤急救要点

（1）若是较轻的闭合性创伤，可在受伤部位进行冷敷，以防止组织继续肿胀，减少皮下出血。

（2）若是较重的闭合性创伤，如高处坠落或摔伤，不能对患者随意搬动，需用正确的方法进行搬运，否则，可能造成患者神经、血管损伤，并加重病情。

常用的搬运方法有：①担架搬运法，用担架搬运时，要使伤员头部向后，以便后面抬担架的人可随时观察其变化；②单人徒手搬运法，轻伤者可挟着走，重伤者可让其伏在急救者背上，双手绕颈交叉下垂，急救者用双手自伤员大腿下抱住伤员大腿。

（3）应使伤员尽早得到医疗处理。运送伤员时要采取卧位，保持其呼吸道通畅，注意防止其休克。

（三）烧（烫）伤救护急救要点

（1）脱离热源。应迅速脱离热源现场，立即脱去燃烧、灼烫的衣服。无法脱去时，应用冷水浇灭或用棉被捂灭。若衣服粘在皮肤上，不要强行撕脱，可用剪刀剪开。

（2）冷却伤处。烧（烫）伤部位紧急用冷水浸泡或冲洗 30 分钟，可防止烧（烫）伤面积扩大和损伤加重。

（3）用水冲洗。将烧伤创面浸入自来水或清水中，大量清水冲洗；若被化学品烧伤，先用消毒的纱布、棉签或干净的毛巾等吸附，清除残留后，再用流动冷水冲洗 30 分钟。注意不要沾染其他部位。

（4）慎涂药膏。冷却处理后，轻度烧伤可在局部涂烧伤膏等。但不能涂抹酱油、食用油或其他性质不明的药膏。中度、重度烧伤，不可刺穿水疱，不涂任何油剂、药物。

（5）包扎伤口。就医前，可用较干净的衣服、毛巾或在伤创面上覆盖消毒纱布后再作包扎处理，以防止创面感染。

（6）及时就医。

三、中暑急救常识

（一）中暑特征及类型

中暑是指在高温环境或烈日下暴晒引起体温调节功能紊乱的一组临床症候群。以高热、皮肤干燥、多汗或无汗及中枢神经系统症状为特征。

中暑分为中暑衰竭、中暑痉挛、日射病和中暑高热 4 种类型。

（二）急救要点

1. 轻症中暑急救

（1）注意先兆。在高温环境中工作一定时间后，头晕、心悸、胸闷、大汗、口渴、乏力、低热等为中暑的先兆。当出现面色潮红、皮肤灼热、大汗口渴、胸闷头晕、恶心呕吐、身体乏力、体温在 38.5℃以上等症状时，表明已轻度中暑。

（2）休息降温。出现中暑先兆时，及时离开高温环境，到阴凉通风处休息，短时间内可恢复正常。

（3）服药补水。发生轻度中暑时，将轻度中暑者移至附近阴凉通风处，松解其衣并使其平卧休息，头部不要垫高，用湿毛巾置于额部，让其服用仁丹、十滴水、麝香正气丸或解暑片等药物，并注意多饮水（最好是淡盐水）。

（4）宽衣擦汗。出汗多的病人应松解衣服，擦干汗水。

2. 重症中暑急救

（1）抬至阴凉处。当出现昏迷、神志不清、高热、头疼、心衰等症状时，表明已重度中暑。此时，应立即将患者抬到阴凉处，解开其衣服，使其静卧休息。

（2）迅速采取降温措施。①冷水敷头部。用冷水敷头部，使头部皮肤温度迅速降下来。②4℃水浴法。将伤员除头部外，浸在 4℃水中，若无 4℃水，用凉水或酒精也可以，并不断摩擦四肢皮肤，使热能尽快散发。③有条件的可将伤员置空调室中，室温调到 25℃左右，或用电扇直吹，并于头部、腋下、腹股沟大血管处放置冰袋，同时用冷水擦浴全身。

（3）服用解暑药。及时使用行军散、仁丹、清凉油、十滴水、解暑片等解暑药。

（4）将神志不清的中暑病人送往医院途中应严密观察呼吸、脉搏等情况，保持降温措施。

四、中毒急救常识

（一）食物中毒急救要点

食用了有毒或变质的食物，会出现恶心、呕吐、腹痛、腹泻等症状，往往伴随着头晕、发烧。吐泻严重者，还可能出现脱水、酸中毒，甚至昏迷、休克等。

1. 催吐

出现中毒症状后，及时用手指伸向喉咙深处，刺激咽喉后壁、舌根，进行催吐，尽可能将胃里的食物排出。对腐蚀性毒物中毒者不宜催吐，避免引起消化道出血或穿孔。

2. 封存

封存并携带可疑食物，以备检验，提供给医院查找中毒原因。

3. 就医

出现中毒症状后，不要乱服药物。在自行抢救的同时，立即将危重病人直接或配合120 急救中心的专业救护人员送往就近医院医治，争取就医时间。

（二）一氧化碳中毒急救常识

人体吸入一定浓度的一氧化碳气体后，会因缺氧导致神经中枢系统受损，甚至导致死亡。

1. 症状

（1）轻度煤气中毒。表现为头晕、头痛、眼花、心慌、胸闷、恶心等症状。

（2）中度煤气中毒。还表现为烦躁不安、精神错乱，四肢发凉、全身出冷汗，脉搏细弱、血压下降，呼吸困难、气息微弱，恶心呕吐、瘫痪无力等，并逐渐进入虚脱昏迷状态。此时患者口唇、两颊、胸部与四肢皮肤潮红，如樱桃色。

（3）重度煤气中毒。还表现为深度昏迷、大小便失禁、瞳孔散大等。同时，呼吸浅而不规则，皮肤由樱桃红变为灰白或紫色，血压极度下降。此时，患者会出现心肌损害和脑水肿、肺水肿等严重症状与体征。若抢救不及时，极易死亡。

2. 急救要点

（1）开窗呼救。冬季取暖感觉自己有中毒迹象，应打开门窗呼吸新鲜空气，高声呼救，或迅速撤离现场。

（2）宽衣解扣。发现他人中毒，情况允许时尽早关闭煤气源，或立即向有限空间内输送通风，将患者抬离中毒现场。及时为患者松解衣扣，保证其呼吸通畅，并注意保暖。

（3）静养吸氧。患者需安静休息，尽量减少心肺负担和耗氧量。如有条件，应对患者进行人工输氧。

（4）侧向呕吐。患者若呕吐，应将其头部偏向一侧，及时清理其口鼻内的分泌物，以免患者回吸，进而导致窒息。

（5）按穴就医。对烦躁不安的患者，用手导引人中（位于鼻沟正中）、足三里（位于膝关节髌骨下，髌骨韧带外侧凹陷中，外膝眼直下四横指处）、内关（位于手腕横纹向后三横指处，在两筋之间取穴）等穴位，同时尽早呼叫 120 急救中心进行就医。

（6）心肺复苏。若患者呼吸、心跳微弱甚至停止，应立即实施心肺复苏术，迅速将煤气中毒者送往配有高压氧舱的医院，以利于抢救，减少后遗症。

附录Ⅲ　中华人民共和国安全生产法（2021版）

（2021年6月10日，中华人民共和国第十三届全国人民代表大会常务委员会第二十九次会议于通过《全国人民代表大会常务委员会关于修改〈中华人民共和国安全生产法〉的决定》，现予公布，自2021年9月1日起施行。）

目　　录

第一章　总　　则

第一条　为了加强安全生产工作，防止和减少生产安全事故，保障人民群众生命和财产安全，促进经济社会持续健康发展，制定本法。

第二条　在中华人民共和国领域内从事生产经营活动的单位（以下统称生产经营单位）的安全生产，适用本法；有关法律、行政法规对消防安全和道路交通安全、铁路交通安全、水上交通安全、民用航空安全以及核与辐射安全、特种设备安全另有规定的，适用其规定。

第三条　安全生产工作坚持中国共产党的领导。

安全生产工作应当以人为本，坚持人民至上、生命至上，把保护人民生命安全摆在首位，树牢安全发展理念，坚持安全第一、预防为主、综合治理的方针，从源头上防范化解重大安全风险。

安全生产工作实行管行业必须管安全、管业务必须管安全、管生产经营必须管安全，强化和落实生产经营单位主体责任与政府监管责任，建立生产经营单位负责、职工参与、政府监管、行业自律和社会监督的机制。

第四条　生产经营单位必须遵守本法和其他有关安全生产的法律、法规，加强安全生产管理，建立健全全员安全生产责任制和安全生产规章制度，加大对安全生产资金、物资、技术、人员的投入保障力度，改善安全生产条件，加强安全生产标准化、信息化建设，构建安全风险分级管控和隐患排查治理双重预防机制，健全风险防范化解机制，提高安全生产水平，确保安全生产。

平台经济等新兴行业、领域的生产经营单位应当根据本行业、领域的特点，建立健全并落实全员安全生产责任制，加强从业人员安全生产教育和培训，履行本法和其他法律、法规规定的有关安全生产义务。

第五条 生产经营单位的主要负责人是本单位安全生产第一责任人,对本单位的安全生产工作全面负责。其他负责人对职责范围内的安全生产工作负责。

第六条 生产经营单位的从业人员有依法获得安全生产保障的权利,并应当依法履行安全生产方面的义务。

第七条 工会依法对安全生产工作进行监督。

生产经营单位的工会依法组织职工参加本单位安全生产工作的民主管理和民主监督,维护职工在安全生产方面的合法权益。生产经营单位制定或者修改有关安全生产的规章制度,应当听取工会的意见。

第八条 国务院和县级以上地方各级人民政府应当根据国民经济和社会发展规划制定安全生产规划,并组织实施。安全生产规划应当与国土空间规划等相关规划相衔接。

各级人民政府应当加强安全生产基础设施建设和安全生产监管能力建设,所需经费列入本级预算。

县级以上地方各级人民政府应当组织有关部门建立完善安全风险评估与论证机制,按照安全风险管控要求,进行产业规划和空间布局,并对位置相邻、行业相近、业态相似的生产经营单位实施重大安全风险联防联控。

第九条 国务院和县级以上地方各级人民政府应当加强对安全生产工作的领导,建立健全安全生产工作协调机制,支持、督促各有关部门依法履行安全生产监督管理职责,及时协调、解决安全生产监督管理中存在的重大问题。

乡镇人民政府和街道办事处,以及开发区、工业园区、港区、风景区等应当明确负责安全生产监督管理的有关工作机构及其职责,加强安全生产监管力量建设,按照职责对本行政区域或者管理区域内生产经营单位安全生产状况进行监督检查,协助人民政府有关部门或者按照授权依法履行安全生产监督管理职责。

第十条 国务院应急管理部门依照本法,对全国安全生产工作实施综合监督管理;县级以上地方各级人民政府应急管理部门依照本法,对本行政区域内安全生产工作实施综合监督管理。

国务院交通运输、住房和城乡建设、水利、民航等有关部门依照本法和其他有关法律、行政法规的规定,在各自的职责范围内对有关行业、领域的安全生产工作实施监督管理;县级以上地方各级人民政府有关部门依照本法和其他有关法律、法规的规定,在各自的职责范围内对有关行业、领域的安全生产工作实施监督管理。对新兴行业、领域的安全生产监督管理职责不明确的,由县级以上地方各级人民政府按照业务相近的原则确定监督管理部门。

应急管理部门和对有关行业、领域的安全生产工作实施监督管理的部门,统称负有安全生产监督管理职责的部门。负有安全生产监督管理职责的部门应当相互配合、齐抓共管、信息共享、资源共用,依法加强安全生产监督管理工作。

第十一条 国务院有关部门应当按照保障安全生产的要求,依法及时制定有关的国家标准或者行业标准,并根据科技进步和经济发展适时修订。

生产经营单位必须执行依法制定的保障安全生产的国家标准或者行业标准。

第十二条 国务院有关部门按照职责分工负责安全生产强制性国家标准的项目提出、组织起草、征求意见、技术审查。国务院应急管理部门统筹提出安全生产强制性国家标准的立项计划。国务院标准化行政主管部门负责安全生产强制性国家标准的立项、编号、对外通报和授权批准发布工作。国务院标准化行政主管部门、有关部门依据法定职责对安全生产强制性国家标准的实施进行监督检查。

第十三条 各级人民政府及其有关部门应当采取多种形式，加强对有关安全生产的法律、法规和安全生产知识的宣传，增强全社会的安全生产意识。

第十四条 有关协会组织依照法律、行政法规和章程，为生产经营单位提供安全生产方面的信息、培训等服务，发挥自律作用，促进生产经营单位加强安全生产管理。

第十五条 依法设立的为安全生产提供技术、管理服务的机构，依照法律、行政法规和执业准则，接受生产经营单位的委托为其安全生产工作提供技术、管理服务。

生产经营单位委托前款规定的机构提供安全生产技术、管理服务的，保证安全生产的责任仍由本单位负责。

第十六条 国家实行生产安全事故责任追究制度，依照本法和有关法律、法规的规定，追究生产安全事故责任单位和责任人员的法律责任。

第十七条 县级以上各级人民政府应当组织负有安全生产监督管理职责的部门依法编制安全生产权力和责任清单，公开并接受社会监督。

第十八条 国家鼓励和支持安全生产科学技术研究和安全生产先进技术的推广应用，提高安全生产水平。

第十九条 国家对在改善安全生产条件、防止生产安全事故、参加抢险救护等方面取得显著成绩的单位和个人，给予奖励。

第二章 生产经营单位的安全生产保障

第二十条 生产经营单位应当具备本法和有关法律、行政法规和国家标准或者行业标准规定的安全生产条件；不具备安全生产条件的，不得从事生产经营活动。

第二十一条 生产经营单位的主要负责人对本单位安全生产工作负有下列职责：

（一）建立健全并落实本单位全员安全生产责任制，加强安全生产标准化建设；

（二）组织制定并实施本单位安全生产规章制度和操作规程；

（三）组织制定并实施本单位安全生产教育和培训计划；

（四）保证本单位安全生产投入的有效实施；

（五）组织建立并落实安全风险分级管控和隐患排查治理双重预防工作机制，督促、检查本单位的安全生产工作，及时消除生产安全事故隐患；

（六）组织制定并实施本单位的生产安全事故应急救援预案；

（七）及时、如实报告生产安全事故。

第二十二条 生产经营单位的全员安全生产责任制应当明确各岗位的责任人员、责任范围和考核标准等内容。

生产经营单位应当建立相应的机制，加强对全员安全生产责任制落实情况的监督考核，保证全员安全生产责任制的落实。

第二十三条 生产经营单位应当具备的安全生产条件所必需的资金投入，由生产经营单位的决策机构、主要负责人或者个人经营的投资人予以保证，并对由于安全生产所必需的资金投入不足导致的后果承担责任。

有关生产经营单位应当按照规定提取和使用安全生产费用，专门用于改善安全生产条件。安全生产费用在成本中据实列支。安全生产费用提取、使用和监督管理的具体办法由国务院财政部门会同国务院应急管理部门征求国务院有关部门意见后制定。

第二十四条 矿山、金属冶炼、建筑施工、运输单位和危险物品的生产、经营、储存、装卸单位，应当设置安全生产管理机构或者配备专职安全生产管理人员。

前款规定以外的其他生产经营单位，从业人员超过一百人的，应当设置安全生产管理机构或者配备专职安全生产管理人员；从业人员在一百人以下的，应当配备专职或者兼职的安全生产管理人员。

第二十五条 生产经营单位的安全生产管理机构以及安全生产管理人员履行下列职责：

（一）组织或者参与拟订本单位安全生产规章制度、操作规程和生产安全事故应急救援预案；

（二）组织或者参与本单位安全生产教育和培训，如实记录安全生产教育和培训情况；

（三）组织开展危险源辨识和评估，督促落实本单位重大危险源的安全管理措施；

（四）组织或者参与本单位应急救援演练；

（五）检查本单位的安全生产状况，及时排查生产安全事故隐患，提出改进安全生产管理的建议；

（六）制止和纠正违章指挥、强令冒险作业、违反操作规程的行为；

（七）督促落实本单位安全生产整改措施。

生产经营单位可以设置专职安全生产分管负责人，协助本单位主要负责人履行安全生产管理职责。

第二十六条 生产经营单位的安全生产管理机构以及安全生产管理人员应当恪尽职守，依法履行职责。

生产经营单位作出涉及安全生产的经营决策，应当听取安全生产管理机构以及安全生产管理人员的意见。

生产经营单位不得因安全生产管理人员依法履行职责而降低其工资、福利等待遇或者解除与其订立的劳动合同。

危险物品的生产、储存单位以及矿山、金属冶炼单位的安全生产管理人员的任免，应当告知主管的负有安全生产监督管理职责的部门。

第二十七条 生产经营单位的主要负责人和安全生产管理人员必须具备与本单位所从事的生产经营活动相应的安全生产知识和管理能力。

危险物品的生产、经营、储存、装卸单位以及矿山、金属冶炼、建筑施工、运输单位的主要负责人和安全生产管理人员，应当由主管的负有安全生产监督管理职责的部门对其安全生产知识和管理能力考核合格。考核不得收费。

危险物品的生产、储存、装卸单位以及矿山、金属冶炼单位应当有注册安全工程师从事安全生产管理工作。鼓励其他生产经营单位聘用注册安全工程师从事安全生产管理工作。注册安全工程师按专业分类管理，具体办法由国务院人力资源和社会保障部门、国务院应急管理部门会同国务院有关部门制定。

第二十八条 生产经营单位应当对从业人员进行安全生产教育和培训，保证从业人员具备必要的安全生产知识，熟悉有关的安全生产规章制度和安全操作规程，掌握本岗位的安全操作技能，了解事故应急处理措施，知悉自身在安全生产方面的权利和义务。未经安全生产教育和培训合格的从业人员，不得上岗作业。

生产经营单位使用被派遣劳动者的，应当将被派遣劳动者纳入本单位从业人员统一管理，对被派遣劳动者进行岗位安全操作规程和安全操作技能的教育和培训。劳务派遣单位应当对被派遣劳动者进行必要的安全生产教育和培训。

生产经营单位接收中等职业学校、高等学校学生实习的，应当对实习学生进行相应的安全生产教育和培训，提供必要的劳动防护用品。学校应当协助生产经营单位对实习学生进行安全生产教育和培训。

生产经营单位应当建立安全生产教育和培训档案，如实记录安全生产教育和培训的时间、内容、参加人员以及考核结果等情况。

第二十九条 生产经营单位采用新工艺、新技术、新材料或者使用新设备，必须了解、掌握其安全技术特性，采取有效的安全防护措施，并对从业人员进行专门的安全生产教育和培训。

第三十条 生产经营单位的特种作业人员必须按照国家有关规定经专门的安全作业培训，取得相应资格，方可上岗作业。

特种作业人员的范围由国务院应急管理部门会同国务院有关部门确定。

第三十一条 生产经营单位新建、改建、扩建工程项目（以下统称建设项目）的安全设施，必须与主体工程同时设计、同时施工、同时投入生产和使用。安全设施投资应当纳入建设项目概算。

第三十二条 矿山、金属冶炼建设项目和用于生产、储存、装卸危险物品的建设项目，应当按照国家有关规定进行安全评价。

第三十三条 建设项目安全设施的设计人、设计单位应当对安全设施设计负责。

矿山、金属冶炼建设项目和用于生产、储存、装卸危险物品的建设项目的安全设施设计应当按照国家有关规定报经有关部门审查，审查部门及其负责审查的人员对审查结果负责。

第三十四条 矿山、金属冶炼建设项目和用于生产、储存、装卸危险物品的建设项目的施工单位必须按照批准的安全设施设计施工，并对安全设施的工程质量负责。

矿山、金属冶炼建设项目和用于生产、储存、装卸危险物品的建设项目竣工投入生产或者使用前，应当由建设单位负责组织对安全设施进行验收；验收合格后，方可投入生产和使用。负有安全生产监督管理职责的部门应当加强对建设单位验收活动和验收结果的监督核查。

第三十五条 生产经营单位应当在有较大危险因素的生产经营场所和有关设施、设备上，设置明显的安全警示标志。

第三十六条 安全设备的设计、制造、安装、使用、检测、维修、改造和报废，应当符合国家标准或者行业标准。

生产经营单位必须对安全设备进行经常性维护、保养，并定期检测，保证正常运转。维护、保养、检测应当作好记录，并由有关人员签字。

生产经营单位不得关闭、破坏直接关系生产安全的监控、报警、防护、救生设备、设施，或者篡改、隐瞒、销毁其相关数据、信息。

餐饮等行业的生产经营单位使用燃气的，应当安装可燃气体报警装置，并保障其正常使用。

第三十七条 生产经营单位使用的危险物品的容器、运输工具，以及涉及人身安全、危险性较大的海洋石油开采特种设备和矿山井下特种设备，必须按照国家有关规定，由专业生产单位生产，并经具有专业资质的检测、检验机构检测、检验合格，取得安全使用证或者安全标志，方可投入使用。检测、检验机构对检测、检验结果负责。

第三十八条 国家对严重危及生产安全的工艺、设备实行淘汰制度，具体目录由国务院应急管理部门会同国务院有关部门制定并公布。法律、行政法规对目录的制定另有规定的，适用其规定。

省、自治区、直辖市人民政府可以根据本地区实际情况制定并公布具体目录，对前款规定以外的危及生产安全的工艺、设备予以淘汰。

生产经营单位不得使用应当淘汰的危及生产安全的工艺、设备。

第三十九条 生产、经营、运输、储存、使用危险物品或者处置废弃危险物品的，由有关主管部门依照有关法律、法规的规定和国家标准或者行业标准审批并实施监督管理。

生产经营单位生产、经营、运输、储存、使用危险物品或者处置废弃危险物品，必须执行有关法律、法规和国家标准或者行业标准，建立专门的安全管理制度，采取可靠的安全措施，接受有关主管部门依法实施的监督管理。

第四十条 生产经营单位对重大危险源应当登记建档，进行定期检测、评估、监控，并制定应急预案，告知从业人员和相关人员在紧急情况下应当采取的应急措施。

生产经营单位应当按照国家有关规定将本单位重大危险源及有关安全措施、应急措施报有关地方人民政府应急管理部门和有关部门备案。有关地方人民政府应急管理部门和有关部门应当通过相关信息系统实现信息共享。

第四十一条 生产经营单位应当建立安全风险分级管控制度，按照安全风险分级采取相应的管控措施。

生产经营单位应当建立健全并落实生产安全事故隐患排查治理制度，采取技术、管理措施，及时发现并消除事故隐患。事故隐患排查治理情况应当如实记录，并通过职工大会或者职工代表大会、信息公示栏等方式向从业人员通报。其中，重大事故隐患排查治理情况应当及时向负有安全生产监督管理职责的部门和职工大会或者职工代表大会报告。

县级以上地方各级人民政府负有安全生产监督管理职责的部门应当将重大事故隐患纳入相关信息系统，建立健全重大事故隐患治理督办制度，督促生产经营单位消除重大事故隐患。

第四十二条 生产、经营、储存、使用危险物品的车间、商店、仓库不得与员工宿舍在同一座建筑物内，并应当与员工宿舍保持安全距离。

生产经营场所和员工宿舍应当设有符合紧急疏散要求、标志明显、保持畅通的出口、疏散通道。禁止占用、锁闭、封堵生产经营场所或者员工宿舍的出口、疏散通道。

第四十三条 生产经营单位进行爆破、吊装、动火、临时用电以及国务院应急管理部门会同国务院有关部门规定的其他危险作业，应当安排专门人员进行现场安全管理，确保操作规程的遵守和安全措施的落实。

第四十四条 生产经营单位应当教育和督促从业人员严格执行本单位的安全生产规章制度和安全操作规程；并向从业人员如实告知作业场所和工作岗位存在的危险因素、防范措施以及事故应急措施。

生产经营单位应当关注从业人员的身体、心理状况和行为习惯，加强对从业人员的心理疏导、精神慰藉，严格落实岗位安全生产责任，防范从业人员行为异常导致事故发生。

第四十五条 生产经营单位必须为从业人员提供符合国家标准或者行业标准的劳动防护用品，并监督、教育从业人员按照使用规则佩戴、使用。

第四十六条 生产经营单位的安全生产管理人员应当根据本单位的生产经营特点，对安全生产状况进行经常性检查；对检查中发现的安全问题，应当立即处理；不能处理的，应当及时报告本单位有关负责人，有关负责人应当及时处理。检查及处理情况应当如实记录在案。

生产经营单位的安全生产管理人员在检查中发现重大事故隐患，依照前款规定向本单位有关负责人报告，有关负责人不及时处理的，安全生产管理人员可以向主管的负有安全生产监督管理职责的部门报告，接到报告的部门应当依法及时处理。

第四十七条 生产经营单位应当安排用于配备劳动防护用品、进行安全生产培训的经费。

第四十八条 两个以上生产经营单位在同一作业区域内进行生产经营活动，可能危及对方生产安全的，应当签订安全生产管理协议，明确各自的安全生产管理职责和应当采取的安全措施，并指定专职安全生产管理人员进行安全检查与协调。

第四十九条 生产经营单位不得将生产经营项目、场所、设备发包或者出租给不具备安全生产条件或者相应资质的单位或者个人。

生产经营项目、场所发包或者出租给其他单位的，生产经营单位应当与承包单位、承租单位签订专门的安全生产管理协议，或者在承包合同、租赁合同中约定各自的安全生产管理职责；生产经营单位对承包单位、承租单位的安全生产工作统一协调、管理，定期进行安全检查，发现安全问题的，应当及时督促整改。

矿山、金属冶炼建设项目和用于生产、储存、装卸危险物品的建设项目施工单位应当加强对施工项目的安全管理，不得倒卖、出租、出借、挂靠或者以其他形式非法转让施工资质，不得将其承包的全部建设工程转包给第三人或者将其承包的全部建设工程支解以后以分包的名义分别转包给第三人，不得将工程分包给不具备相应资质条件的单位。

第五十条 生产经营单位发生生产安全事故时，单位的主要负责人应当立即组织抢救，并不得在事故调查处理期间擅离职守。

第五十一条 生产经营单位必须依法参加工伤保险，为从业人员缴纳保险费。

国家鼓励生产经营单位投保安全生产责任保险；属于国家规定的高危行业、领域的生产经营单位，应当投保安全生产责任保险。具体范围和实施办法由国务院应急管理部门会同国务院财政部门、国务院保险监督管理机构和相关行业主管部门制定。

第三章　从业人员的安全生产权利义务

第五十二条　生产经营单位与从业人员订立的劳动合同，应当载明有关保障从业人员劳动安全、防止职业危害的事项，以及依法为从业人员办理工伤保险的事项。

生产经营单位不得以任何形式与从业人员订立协议，免除或者减轻其对从业人员因生产安全事故伤亡依法应承担的责任。

第五十三条　生产经营单位的从业人员有权了解其作业场所和工作岗位存在的危险因素、防范措施及事故应急措施，有权对本单位的安全生产工作提出建议。

第五十四条　从业人员有权对本单位安全生产工作中存在的问题提出批评、检举、控告；有权拒绝违章指挥和强令冒险作业。

生产经营单位不得因从业人员对本单位安全生产工作提出批评、检举、控告或者拒绝违章指挥、强令冒险作业而降低其工资、福利等待遇或者解除与其订立的劳动合同。

第五十五条　从业人员发现直接危及人身安全的紧急情况时，有权停止作业或者在采取可能的应急措施后撤离作业场所。

生产经营单位不得因从业人员在前款紧急情况下停止作业或者采取紧急撤离措施而降低其工资、福利等待遇或者解除与其订立的劳动合同。

第五十六条　生产经营单位发生生产安全事故后，应当及时采取措施救治有关人员。

因生产安全事故受到损害的从业人员，除依法享有工伤保险外，依照有关民事法律尚有获得赔偿的权利的，有权提出赔偿要求。

第五十七条　从业人员在作业过程中，应当严格落实岗位安全责任，遵守本单位的安全生产规章制度和操作规程，服从管理，正确佩戴和使用劳动防护用品。

第五十八条　从业人员应当接受安全生产教育和培训，掌握本职工作所需的安全生产知识，提高安全生产技能，增强事故预防和应急处理能力。

第五十九条　从业人员发现事故隐患或者其他不安全因素，应当立即向现场安全生产管理人员或者本单位负责人报告；接到报告的人员应当及时予以处理。

第六十条　工会有权对建设项目的安全设施与主体工程同时设计、同时施工、同时投入生产和使用进行监督，提出意见。

工会对生产经营单位违反安全生产法律、法规，侵犯从业人员合法权益的行为，有权要求纠正；发现生产经营单位违章指挥、强令冒险作业或者发现事故隐患时，有权提出解决的建议，生产经营单位应当及时研究答复；发现危及从业人员生命安全的情况时，有权向生产经营单位建议组织从业人员撤离危险场所，生产经营单位必须立即作出处理。

工会有权依法参加事故调查，向有关部门提出处理意见，并要求追究有关人员的责任。

第六十一条　生产经营单位使用被派遣劳动者的，被派遣劳动者享有本法规定的从业人员的权利，并应当履行本法规定的从业人员的义务。

第四章 安全生产的监督管理

第六十二条 县级以上地方各级人民政府应当根据本行政区域内的安全生产状况，组织有关部门按照职责分工，对本行政区域内容易发生重大生产安全事故的生产经营单位进行严格检查。

应急管理部门应当按照分类分级监督管理的要求，制定安全生产年度监督检查计划，并按照年度监督检查计划进行监督检查，发现事故隐患，应当及时处理。

第六十三条 负有安全生产监督管理职责的部门依照有关法律、法规的规定，对涉及安全生产的事项需要审查批准（包括批准、核准、许可、注册、认证、颁发证照等，下同）或者验收的，必须严格依照有关法律、法规和国家标准或者行业标准规定的安全生产条件和程序进行审查；不符合有关法律、法规和国家标准或者行业标准规定的安全生产条件的，不得批准或者验收通过。对未依法取得批准或者验收合格的单位擅自从事有关活动的，负责行政审批的部门发现或者接到举报后应当立即予以取缔，并依法予以处理。对已经依法取得批准的单位，负责行政审批的部门发现其不再具备安全生产条件的，应当撤销原批准。

第六十四条 负有安全生产监督管理职责的部门对涉及安全生产的事项进行审查、验收，不得收取费用；不得要求接受审查、验收的单位购买其指定品牌或者指定生产、销售单位的安全设备、器材或者其他产品。

第六十五条 应急管理部门和其他负有安全生产监督管理职责的部门依法开展安全生产行政执法工作，对生产经营单位执行有关安全生产的法律、法规和国家标准或者行业标准的情况进行监督检查，行使以下职权：

（一）进入生产经营单位进行检查，调阅有关资料，向有关单位和人员了解情况；

（二）对检查中发现的安全生产违法行为，当场予以纠正或者要求限期改正；对依法应当给予行政处罚的行为，依照本法和其他有关法律、行政法规的规定作出行政处罚决定；

（三）对检查中发现的事故隐患，应当责令立即排除；重大事故隐患排除前或者排除过程中无法保证安全的，应当责令从危险区域内撤出作业人员，责令暂时停产停业或者停止使用相关设施、设备；重大事故隐患排除后，经审查同意，方可恢复生产经营和使用；

（四）对有根据认为不符合保障安全生产的国家标准或者行业标准的设施、设备、器材以及违法生产、储存、使用、经营、运输的危险物品予以查封或者扣押，对违法生产、储存、使用、经营危险物品的作业场所予以查封，并依法作出处理决定。

监督检查不得影响被检查单位的正常生产经营活动。

第六十六条 生产经营单位对负有安全生产监督管理职责的部门的监督检查人员（以下统称安全生产监督检查人员）依法履行监督检查职责，应当予以配合，不得拒绝、阻挠。

第六十七条 安全生产监督检查人员应当忠于职守，坚持原则，秉公执法。

安全生产监督检查人员执行监督检查任务时，必须出示有效的行政执法证件；对涉及被检查单位的技术秘密和业务秘密，应当为其保密。

第六十八条 安全生产监督检查人员应当将检查的时间、地点、内容、发现的问题及其处理情况，作出书面记录，并由检查人员和被检查单位的负责人签字；被检查单位的负责人拒绝签字的，检查人员应当将情况记录在案，并向负有安全生产监督管理职责的部门报告。

第六十九条 负有安全生产监督管理职责的部门在监督检查中，应当互相配合，实行联合检查；确需分别进行检查的，应当互通情况，发现存在的安全问题应当由其他有关部门进行处理的，应当及时移送其他有关部门并形成记录备查，接受移送的部门应当及时进行处理。

第七十条 负有安全生产监督管理职责的部门依法对存在重大事故隐患的生产经营单位作出停产停业、停止施工、停止使用相关设施或者设备的决定，生产经营单位应当依法执行，及时消除事故隐患。生产经营单位拒不执行，有发生生产安全事故的现实危险的，在保证安全的前提下，经本部门主要负责人批准，负有安全生产监督管理职责的部门可以采取通知有关单位停止供电、停止供应民用爆炸物品等措施，强制生产经营单位履行决定。通知应当采用书面形式，有关单位应当予以配合。

负有安全生产监督管理职责的部门依照前款规定采取停止供电措施，除有危及生产安全的紧急情形外，应当提前二十四小时通知生产经营单位。生产经营单位依法履行行政决定、采取相应措施消除事故隐患的，负有安全生产监督管理职责的部门应当及时解除前款规定的措施。

第七十一条 监察机关依照监察法的规定，对负有安全生产监督管理职责的部门及其工作人员履行安全生产监督管理职责实施监察。

第七十二条 承担安全评价、认证、检测、检验职责的机构应当具备国家规定的资质条件，并对其作出的安全评价、认证、检测、检验结果的合法性、真实性负责。资质条件由国务院应急管理部门会同国务院有关部门制定。

承担安全评价、认证、检测、检验职责的机构应当建立并实施服务公开和报告公开制度，不得租借资质、挂靠、出具虚假报告。

第七十三条 负有安全生产监督管理职责的部门应当建立举报制度，公开举报电话、信箱或者电子邮件地址等网络举报平台，受理有关安全生产的举报；受理的举报事项经调查核实后，应当形成书面材料；需要落实整改措施的，报经有关负责人签字并督促落实。对不属于本部门职责，需要由其他有关部门进行调查处理的，转交其他有关部门处理。

涉及人员死亡的举报事项，应当由县级以上人民政府组织核查处理。

第七十四条 任何单位或者个人对事故隐患或者安全生产违法行为，均有权向负有安全生产监督管理职责的部门报告或者举报。

因安全生产违法行为造成重大事故隐患或者导致重大事故，致使国家利益或者社会公共利益受到侵害的，人民检察院可以根据民事诉讼法、行政诉讼法的相关规定提起公益诉讼。

第七十五条 居民委员会、村民委员会发现其所在区域内的生产经营单位存在事故隐患或者安全生产违法行为时，应当向当地人民政府或者有关部门报告。

第七十六条 县级以上各级人民政府及其有关部门对报告重大事故隐患或者举报安

全生产违法行为的有功人员，给予奖励。具体奖励办法由国务院应急管理部门会同国务院财政部门制定。

第七十七条　新闻、出版、广播、电影、电视等单位有进行安全生产公益宣传教育的义务，有对违反安全生产法律、法规的行为进行舆论监督的权利。

第七十八条　负有安全生产监督管理职责的部门应当建立安全生产违法行为信息库，如实记录生产经营单位及其有关从业人员的安全生产违法行为信息；对违法行为情节严重的生产经营单位及其有关从业人员，应当及时向社会公告，并通报行业主管部门、投资主管部门、自然资源主管部门、生态环境主管部门、证券监督管理机构以及有关金融机构。有关部门和机构应当对存在失信行为的生产经营单位及其有关从业人员采取加大执法检查频次、暂停项目审批、上调有关保险费率、行业或者职业禁入等联合惩戒措施，并向社会公示。

负有安全生产监督管理职责的部门应当加强对生产经营单位行政处罚信息的及时归集、共享、应用和公开，对生产经营单位作出处罚决定后七个工作日内在监管部门公示系统予以公开曝光，强化对违法失信生产经营单位及其有关从业人员的社会监督，提高全社会安全生产诚信水平。

第五章　生产安全事故的应急救援与调查处理

第七十九条　国家加强生产安全事故应急能力建设，在重点行业、领域建立应急救援基地和应急救援队伍，并由国家安全生产应急救援机构统一协调指挥；鼓励生产经营单位和其他社会力量建立应急救援队伍，配备相应的应急救援装备和物资，提高应急救援的专业化水平。

国务院应急管理部门牵头建立全国统一的生产安全事故应急救援信息系统，国务院交通运输、住房和城乡建设、水利、民航等有关部门和县级以上地方人民政府建立健全相关行业、领域、地区的生产安全事故应急救援信息系统，实现互联互通、信息共享，通过推行网上安全信息采集、安全监管和监测预警，提升监管的精准化、智能化水平。

第八十条　县级以上地方各级人民政府应当组织有关部门制定本行政区域内生产安全事故应急救援预案，建立应急救援体系。

乡镇人民政府和街道办事处，以及开发区、工业园区、港区、风景区等应当制定相应的生产安全事故应急救援预案，协助人民政府有关部门或者按照授权依法履行生产安全事故应急救援工作职责。

第八十一条　生产经营单位应当制定本单位生产安全事故应急救援预案，与所在地县级以上地方人民政府组织制定的生产安全事故应急救援预案相衔接，并定期组织演练。

第八十二条　危险物品的生产、经营、储存单位以及矿山、金属冶炼、城市轨道交通运营、建筑施工单位应当建立应急救援组织；生产经营规模较小的，可以不建立应急救援组织，但应当指定兼职的应急救援人员。

危险物品的生产、经营、储存、运输单位以及矿山、金属冶炼、城市轨道交通运营、建筑施工单位应当配备必要的应急救援器材、设备和物资，并进行经常性维护、保养，保证正常运转。

第八十三条 生产经营单位发生生产安全事故后，事故现场有关人员应当立即报告本单位负责人。

单位负责人接到事故报告后，应当迅速采取有效措施，组织抢救，防止事故扩大，减少人员伤亡和财产损失，并按照国家有关规定立即如实报告当地负有安全生产监督管理职责的部门，不得隐瞒不报、谎报或者迟报，不得故意破坏事故现场、毁灭有关证据。

第八十四条 负有安全生产监督管理职责的部门接到事故报告后，应当立即按照国家有关规定上报事故情况。负有安全生产监督管理职责的部门和有关地方人民政府对事故情况不得隐瞒不报、谎报或者迟报。

第八十五条 有关地方人民政府和负有安全生产监督管理职责的部门的负责人接到生产安全事故报告后，应当按照生产安全事故应急救援预案的要求立即赶到事故现场，组织事故抢救。

参与事故抢救的部门和单位应当服从统一指挥，加强协同联动，采取有效的应急救援措施，并根据事故救援的需要采取警戒、疏散等措施，防止事故扩大和次生灾害的发生，减少人员伤亡和财产损失。

事故抢救过程中应当采取必要措施，避免或者减少对环境造成的危害。

任何单位和个人都应当支持、配合事故抢救，并提供一切便利条件。

第八十六条 事故调查处理应当按照科学严谨、依法依规、实事求是、注重实效的原则，及时、准确地查清事故原因，查明事故性质和责任，评估应急处置工作，总结事故教训，提出整改措施，并对事故责任单位和人员提出处理建议。事故调查报告应当依法及时向社会公布。事故调查和处理的具体办法由国务院制定。

事故发生单位应当及时全面落实整改措施，负有安全生产监督管理职责的部门应当加强监督检查。

负责事故调查处理的国务院有关部门和地方人民政府应当在批复事故调查报告后一年内，组织有关部门对事故整改和防范措施落实情况进行评估，并及时向社会公开评估结果；对不履行职责导致事故整改和防范措施没有落实的有关单位和人员，应当按照有关规定追究责任。

第八十七条 生产经营单位发生生产安全事故，经调查确定为责任事故的，除了应当查明事故单位的责任并依法予以追究外，还应当查明对安全生产的有关事项负有审查批准和监督职责的行政部门的责任，对有失职、渎职行为的，依照本法第九十条的规定追究法律责任。

第八十八条 任何单位和个人不得阻挠和干涉对事故的依法调查处理。

第八十九条 县级以上地方各级人民政府应急管理部门应当定期统计分析本行政区域内发生生产安全事故的情况，并定期向社会公布。

第六章 法律责任

第九十条 负有安全生产监督管理职责的部门的工作人员，有下列行为之一的，给予降级或者撤职的处分；构成犯罪的，依照刑法有关规定追究刑事责任：

（一）对不符合法定安全生产条件的涉及安全生产的事项予以批准或者验收通过的；

（二）发现未依法取得批准、验收的单位擅自从事有关活动或者接到举报后不予取缔或者不依法予以处理的；

（三）对已经依法取得批准的单位不履行监督管理职责，发现其不再具备安全生产条件而不撤销原批准或者发现安全生产违法行为不予查处的；

（四）在监督检查中发现重大事故隐患，不依法及时处理的。

负有安全生产监督管理职责的部门的工作人员有前款规定以外的滥用职权、玩忽职守、徇私舞弊行为的，依法给予处分；构成犯罪的，依照刑法有关规定追究刑事责任。

第九十一条　负有安全生产监督管理职责的部门，要求被审查、验收的单位购买其指定的安全设备、器材或者其他产品的，在对安全生产事项的审查、验收中收取费用的，由其上级机关责令改正，责令退还收取的费用；情节严重的，对直接负责的主管人员和其他直接责任人员依法给予处分。

第九十二条　承担安全评价、认证、检测、检验职责的机构出具失实报告的，责令停业整顿，并处三万元以上十万元以下的罚款；给他人造成损害的，依法承担赔偿责任。

承担安全评价、认证、检测、检验职责的机构租借资质、挂靠、出具虚假报告的，没收违法所得；违法所得在十万元以上的，并处违法所得二倍以上五倍以下的罚款；没有违法所得或者违法所得不足十万元的，单处或者并处十万元以上二十万元以下的罚款；对其直接负责的主管人员和其他直接责任人员处五万元以上十万元以下的罚款；给他人造成损害的，与生产经营单位承担连带赔偿责任；构成犯罪的，依照刑法有关规定追究刑事责任。

对有前款违法行为的机构及其直接责任人员，吊销其相应资质和资格，五年内不得从事安全评价、认证、检测、检验等工作，情节严重的，实行终身行业和职业禁入。

第九十三条　生产经营单位的决策机构、主要负责人或者个人经营的投资人不依照本法规定保证安全生产所必需的资金投入，致使生产经营单位不具备安全生产条件的，责令限期改正，提供必需的资金；逾期未改正的，责令生产经营单位停产停业整顿。

有前款违法行为，导致发生生产安全事故的，对生产经营单位的主要负责人给予撤职处分，对个人经营的投资人处二万元以上二十万元以下的罚款；构成犯罪的，依照刑法有关规定追究刑事责任。

第九十四条　生产经营单位的主要负责人未履行本法规定的安全生产管理职责的，责令限期改正，处二万元以上五万元以下的罚款；逾期未改正的，处五万元以上十万元以下的罚款，责令生产经营单位停产停业整顿。

生产经营单位的主要负责人有前款违法行为，导致发生生产安全事故的，给予撤职处分；构成犯罪的，依照刑法有关规定追究刑事责任。

生产经营单位的主要负责人依照前款规定受刑事处罚或者撤职处分的，自刑罚执行完毕或者受处分之日起，五年内不得担任任何生产经营单位的主要负责人；对重大、特别重大生产安全事故负有责任的，终身不得担任本行业生产经营单位的主要负责人。

第九十五条　生产经营单位的主要负责人未履行本法规定的安全生产管理职责，导致发生生产安全事故的，由应急管理部门依照下列规定处以罚款：

（一）发生一般事故的，处上一年年收入百分之四十的罚款；

（二）发生较大事故的，处上一年年收入百分之六十的罚款；

（三）发生重大事故的，处上一年年收入百分之八十的罚款；

（四）发生特别重大事故的，处上一年年收入百分之一百的罚款。

第九十六条 生产经营单位的其他负责人和安全生产管理人员未履行本法规定的安全生产管理职责的，责令限期改正，处一万元以上三万元以下的罚款；导致发生生产安全事故的，暂停或者吊销其与安全生产有关的资格，并处上一年年收入百分之二十以上百分之五十以下的罚款；构成犯罪的，依照刑法有关规定追究刑事责任。

第九十七条 生产经营单位有下列行为之一的，责令限期改正，处十万元以下的罚款；逾期未改正的，责令停产停业整顿，并处十万元以上二十万元以下的罚款，对其直接负责的主管人员和其他直接责任人员处二万元以上五万元以下的罚款：

（一）未按照规定设置安全生产管理机构或者配备安全生产管理人员、注册安全工程师的；

（二）危险物品的生产、经营、储存、装卸单位以及矿山、金属冶炼、建筑施工、运输单位的主要负责人和安全生产管理人员未按照规定经考核合格的；

（三）未按照规定对从业人员、被派遣劳动者、实习学生进行安全生产教育和培训，或者未按照规定如实告知有关的安全生产事项的；

（四）未如实记录安全生产教育和培训情况的；

（五）未将事故隐患排查治理情况如实记录或者未向从业人员通报的；

（六）未按照规定制定生产安全事故应急救援预案或者未定期组织演练的；

（七）特种作业人员未按照规定经专门的安全作业培训并取得相应资格，上岗作业的。

第九十八条 生产经营单位有下列行为之一的，责令停止建设或者停产停业整顿，限期改正，并处十万元以上五十万元以下的罚款，对其直接负责的主管人员和其他直接责任人员处二万元以上五万元以下的罚款；逾期未改正的，处五十万元以上一百万元以下的罚款，对其直接负责的主管人员和其他直接责任人员处五万元以上十万元以下的罚款；构成犯罪的，依照刑法有关规定追究刑事责任：

（一）未按照规定对矿山、金属冶炼建设项目或者用于生产、储存、装卸危险物品的建设项目进行安全评价的；

（二）矿山、金属冶炼建设项目或者用于生产、储存、装卸危险物品的建设项目没有安全设施设计或者安全设施设计未按照规定报经有关部门审查同意的；

（三）矿山、金属冶炼建设项目或者用于生产、储存、装卸危险物品的建设项目的施工单位未按照批准的安全设施设计施工的；

（四）矿山、金属冶炼建设项目或者用于生产、储存、装卸危险物品的建设项目竣工投入生产或者使用前，安全设施未经验收合格的。

第九十九条 生产经营单位有下列行为之一的，责令限期改正，处五万元以下的罚款；逾期未改正的，处五万元以上二十万元以下的罚款，对其直接负责的主管人员和其他直接责任人员处一万元以上二万元以下的罚款；情节严重的，责令停产停业整顿；构成犯罪的，依照刑法有关规定追究刑事责任：

（一）未在有较大危险因素的生产经营场所和有关设施、设备上设置明显的安全警示标志的；

（二）安全设备的安装、使用、检测、改造和报废不符合国家标准或者行业标准的；

（三）未对安全设备进行经常性维护、保养和定期检测的；

（四）关闭、破坏直接关系生产安全的监控、报警、防护、救生设备、设施，或者篡改、隐瞒、销毁其相关数据、信息的；

（五）未为从业人员提供符合国家标准或者行业标准的劳动防护用品的；

（六）危险物品的容器、运输工具，以及涉及人身安全、危险性较大的海洋石油开采特种设备和矿山井下特种设备未经具有专业资质的机构检测、检验合格，取得安全使用证或者安全标志，投入使用的；

（七）使用应当淘汰的危及生产安全的工艺、设备的；

（八）餐饮等行业的生产经营单位使用燃气未安装可燃气体报警装置的。

第一百条 未经依法批准，擅自生产、经营、运输、储存、使用危险物品或者处置废弃危险物品的，依照有关危险物品安全管理的法律、行政法规的规定予以处罚；构成犯罪的，依照刑法有关规定追究刑事责任。

第一百零一条 生产经营单位有下列行为之一的，责令限期改正，处十万元以下的罚款；逾期未改正的，责令停产停业整顿，并处十万元以上二十万元以下的罚款，对其直接负责的主管人员和其他直接责任人员处二万元以上五万元以下的罚款；构成犯罪的，依照刑法有关规定追究刑事责任：

（一）生产、经营、运输、储存、使用危险物品或者处置废弃危险物品，未建立专门安全管理制度、未采取可靠的安全措施的；

（二）对重大危险源未登记建档，未进行定期检测、评估、监控，未制定应急预案，或者未告知应急措施的；

（三）进行爆破、吊装、动火、临时用电以及国务院应急管理部门会同国务院有关部门规定的其他危险作业，未安排专门人员进行现场安全管理的；

（四）未建立安全风险分级管控制度或者未按照安全风险分级采取相应管控措施的；

（五）未建立事故隐患排查治理制度，或者重大事故隐患排查治理情况未按照规定报告的。

第一百零二条 生产经营单位未采取措施消除事故隐患的，责令立即消除或者限期消除，处五万元以下的罚款；生产经营单位拒不执行的，责令停产停业整顿；对其直接负责的主管人员和其他直接责任人员处五万元以上十万元以下的罚款；构成犯罪的，依照刑法有关规定追究刑事责任。

第一百零三条 生产经营单位将生产经营项目、场所、设备发包或者出租给不具备安全生产条件或者相应资质的单位或者个人的，责令限期改正，没收违法所得；违法所得十万元以上的，并处违法所得二倍以上五倍以下的罚款；没有违法所得或者违法所得不足十万元的，单处或者并处十万元以上二十万元以下的罚款；对其直接负责的主管人员和其他直接责任人员处一万元以上二万元以下的罚款；导致发生生产安全事故给他人造成损害的，与承包方、承租方承担连带赔偿责任。

生产经营单位未与承包单位、承租单位签订专门的安全生产管理协议或者未在承包合同、租赁合同中明确各自的安全生产管理职责，或者未对承包单位、承租单位的安全生产统一协调、管理的，责令限期改正，处五万元以下的罚款，对其直接负责的主管人员和其他直接责任人员处一万元以下的罚款；逾期未改正的，责令停产停业整顿。

矿山、金属冶炼建设项目和用于生产、储存、装卸危险物品的建设项目的施工单位未按照规定对施工项目进行安全管理的，责令限期改正，处十万元以下的罚款，对其直接负责的主管人员和其他直接责任人员处二万元以下的罚款；逾期未改正的，责令停产停业整顿；以上施工单位倒卖、出租、出借、挂靠或者以其他形式非法转让施工资质的，责令停产停业整顿，吊销资质证书，没收违法所得；违法所得十万元以上的，并处违法所得二倍以上五倍以下的罚款；没有违法所得或者违法所得不足十万元的，单处或者并处十万元以上二十万元以下的罚款；对其直接负责的主管人员和其他直接责任人员处五万元以上十万元以下的罚款；构成犯罪的，依照刑法有关规定追究刑事责任。

第一百零四条 两个以上生产经营单位在同一作业区域内进行可能危及对方安全生产的生产经营活动，未签订安全生产管理协议或者未指定专职安全生产管理人员进行安全检查与协调的，责令限期改正，处五万元以下的罚款，对其直接负责的主管人员和其他直接责任人员处一万元以下的罚款；逾期未改正的，责令停产停业。

第一百零五条 生产经营单位有下列行为之一的，责令限期改正，处五万元以下的罚款，对其直接负责的主管人员和其他直接责任人员处一万元以下的罚款；逾期未改正的，责令停产停业整顿；构成犯罪的，依照刑法有关规定追究刑事责任：

（一）生产、经营、储存、使用危险物品的车间、商店、仓库与员工宿舍在同一座建筑内，或者与员工宿舍的距离不符合安全要求的；

（二）生产经营场所和员工宿舍未设有符合紧急疏散需要、标志明显、保持畅通的出口、疏散通道，或者占用、锁闭、封堵生产经营场所或者员工宿舍出口、疏散通道的。

第一百零六条 生产经营单位与从业人员订立协议，免除或者减轻其对从业人员因生产安全事故伤亡依法应承担的责任的，该协议无效；对生产经营单位的主要负责人、个人经营的投资人处二万元以上十万元以下的罚款。

第一百零七条 生产经营单位的从业人员不落实岗位安全责任，不服从管理，违反安全生产规章制度或者操作规程的，由生产经营单位给予批评教育，依照有关规章制度给予处分；构成犯罪的，依照刑法有关规定追究刑事责任。

第一百零八条 违反本法规定，生产经营单位拒绝、阻碍负有安全生产监督管理职责的部门依法实施监督检查的，责令改正；拒不改正的，处二万元以上二十万元以下的罚款；对其直接负责的主管人员和其他直接责任人员处一万元以上二万元以下的罚款；构成犯罪的，依照刑法有关规定追究刑事责任。

第一百零九条 高危行业、领域的生产经营单位未按照国家规定投保安全生产责任保险的，责令限期改正，处五万元以上十万元以下的罚款；逾期未改正的，处十万元以上二十万元以下的罚款。

第一百一十条 生产经营单位的主要负责人在本单位发生生产安全事故时，不立即组织抢救或者在事故调查处理期间擅离职守或者逃匿的，给予降级、撤职的处分，并由应急管理部门处上一年年收入百分之六十至百分之一百的罚款；对逃匿的处十五日以下拘留；构成犯罪的，依照刑法有关规定追究刑事责任。

生产经营单位的主要负责人对生产安全事故隐瞒不报、谎报或者迟报的，依照前款规定处罚。

第一百一十一条　有关地方人民政府、负有安全生产监督管理职责的部门，对生产安全事故隐瞒不报、谎报或者迟报的，对直接负责的主管人员和其他直接责任人员依法给予处分；构成犯罪的，依照刑法有关规定追究刑事责任。

第一百一十二条　生产经营单位违反本法规定，被责令改正且受到罚款处罚，拒不改正的，负有安全生产监督管理职责的部门可以自作出责令改正之日的次日起，按照原处罚数额按日连续处罚。

第一百一十三条　生产经营单位存在下列情形之一的，负有安全生产监督管理职责的部门应当提请地方人民政府予以关闭，有关部门应当依法吊销其有关证照。生产经营单位主要负责人五年内不得担任任何生产经营单位的主要负责人；情节严重的，终身不得担任本行业生产经营单位的主要负责人：

（一）存在重大事故隐患，一百八十日内三次或者一年内四次受到本法规定的行政处罚的；

（二）经停产停业整顿，仍不具备法律、行政法规和国家标准或者行业标准规定的安全生产条件的；

（三）不具备法律、行政法规和国家标准或者行业标准规定的安全生产条件，导致发生重大、特别重大生产安全事故的；

（四）拒不执行负有安全生产监督管理职责的部门作出的停产停业整顿决定的。

第一百一十四条　发生生产安全事故，对负有责任的生产经营单位除要求其依法承担相应的赔偿等责任外，由应急管理部门依照下列规定处以罚款：

（一）发生一般事故的，处三十万元以上一百万元以下的罚款；

（二）发生较大事故的，处一百万元以上二百万元以下的罚款；

（三）发生重大事故的，处二百万元以上一千万元以下的罚款；

（四）发生特别重大事故的，处一千万元以上二千万元以下的罚款；

发生生产安全事故，情节特别严重、影响特别恶劣的，应急管理部门可以按照前款罚款数额的二倍以上五倍以下对负有责任的生产经营单位处以罚款

第一百一十五条　本法规定的行政处罚，由应急管理部门和其他负有安全生产监督管理职责的部门按照职责分工决定。其中，根据本法第九十五条、第一百一十条、第一百一十四条的规定应当给予民航、铁路、电力行业的生产经营单位及其主要负责人行政处罚的，也可以由主管的负有安全生产监督管理职责的部门进行处罚。予以关闭的行政处罚由负有安全生产监督管理职责的部门报请县级以上人民政府按照国务院规定的权限决定；给予拘留的行政处罚由公安机关依照治安管理处罚的规定决定。

第一百一十六条　生产经营单位发生生产安全事故造成人员伤亡、他人财产损失的，应当依法承担赔偿责任；拒不承担或者其负责人逃匿的，由人民法院依法强制执行。

生产安全事故的责任人未依法承担赔偿责任，经人民法院依法采取执行措施后，仍不能对受害人给予足额赔偿的，应当继续履行赔偿义务；受害人发现责任人有其他财产的，可以随时请求人民法院执行。

第七章 附 则

第一百一十七条 本法下列用语的含义:

危险物品,是指易燃易爆物品、危险化学品、放射性物品等能够危及人身安全和财产安全的物品。

重大危险源,是指长期地或者临时地生产、搬运、使用或者储存危险物品,且危险物品的数量等于或者超过临界量的单元(包括场所和设施)。

第一百一十八条 本法规定的生产安全一般事故、较大事故、重大事故、特别重大事故的划分标准由国务院规定。

国务院应急管理部门和其他负有安全生产监督管理职责的部门应当根据各自的职责分工,制定相关行业、领域重大危险源的辨识标准和重大事故隐患的判定标准。

第一百一十九条 本法自 2002 年 11 月 1 日起施行。

附录Ⅳ 中华人民共和国突发事件应对法

（2007年8月30日第十届全国人民代表大会常务委员会第二十九次会议通过，自2007年11月1日起施行。）

目　　录

第一章　总　　则

第一条　为了预防和减少突发事件的发生，控制、减轻和消除突发事件引起的严重社会危害，规范突发事件应对活动，保护人民生命财产安全，维护国家安全、公共安全、环境安全和社会秩序，制定本法。

第二条　突发事件的预防与应急准备、监测与预警、应急处置与救援、事后恢复与重建等应对活动，适用本法。

第三条　本法所称突发事件，是指突然发生，造成或者可能造成严重社会危害，需要采取应急处置措施予以应对的自然灾害、事故灾难、公共卫生事件和社会安全事件。

按照社会危害程度、影响范围等因素，自然灾害、事故灾难、公共卫生事件分为特别重大、重大、较大和一般四级。法律、行政法规或者国务院另有规定的，从其规定。

突发事件的分级标准由国务院或者国务院确定的部门制定。

第四条　国家建立统一领导、综合协调、分类管理、分级负责、属地管理为主的应急管理体制。

第五条　突发事件应对工作实行预防为主、预防与应急相结合的原则。国家建立重大突发事件风险评估体系，对可能发生的突发事件进行综合性评估，减少重大突发事件的发生，最大限度地减轻重大突发事件的影响。

第六条　国家建立有效的社会动员机制，增强全民的公共安全和防范风险的意识，提高全社会的避险救助能力。

第七条　县级人民政府对本行政区域内突发事件的应对工作负责；涉及两个以上行政区域的，由有关行政区域共同的上一级人民政府负责，或者由各有关行政区域的上一级人民政府共同负责。

突发事件发生后，发生地县级人民政府应当立即采取措施控制事态发展，组织开展应急救援和处置工作，并立即向上一级人民政府报告，必要时可以越级上报。

突发事件发生地县级人民政府不能消除或者不能有效控制突发事件引起的严重社会危害的，应当及时向上级人民政府报告。上级人民政府应当及时采取措施，统一领导应急处置工作。

法律、行政法规规定由国务院有关部门对突发事件的应对工作负责的，从其规定；地方人民政府应当积极配合并提供必要的支持。

第八条 国务院在总理领导下研究、决定和部署特别重大突发事件的应对工作；根据实际需要，设立国家突发事件应急指挥机构，负责突发事件应对工作；必要时，国务院可以派出工作组指导有关工作。

县级以上地方各级人民政府设立由本级人民政府主要负责人、相关部门负责人、驻当地中国人民解放军和中国人民武装警察部队有关负责人组成的突发事件应急指挥机构，统一领导、协调本级人民政府各有关部门和下级人民政府开展突发事件应对工作；根据实际需要，设立相关类别突发事件应急指挥机构，组织、协调、指挥突发事件应对工作。

上级人民政府主管部门应当在各自职责范围内，指导、协助下级人民政府及其相应部门做好有关突发事件的应对工作。

第九条 国务院和县级以上地方各级人民政府是突发事件应对工作的行政领导机关，其办事机构及具体职责由国务院规定。

第十条 有关人民政府及其部门作出的应对突发事件的决定、命令，应当及时公布。

第十一条 有关人民政府及其部门采取的应对突发事件的措施，应当与突发事件可能造成的社会危害的性质、程度和范围相适应；有多种措施可供选择的，应当选择有利于最大程度地保护公民、法人和其他组织权益的措施。

公民、法人和其他组织有义务参与突发事件应对工作。

第十二条 有关人民政府及其部门为应对突发事件，可以征用单位和个人的财产。被征用的财产在使用完毕或者突发事件应急处置工作结束后，应当及时返还。财产被征用或者征用后毁损、灭失的，应当给予补偿。

第十三条 因采取突发事件应对措施，诉讼、行政复议、仲裁活动不能正常进行的，适用有关时效中止和程序中止的规定，但法律另有规定的除外。

第十四条 中国人民解放军、中国人民武装警察部队和民兵组织依照本法和其他有关法律、行政法规、军事法规的规定以及国务院、中央军事委员会的命令，参加突发事件的应急救援和处置工作。

第十五条 中华人民共和国政府在突发事件的预防、监测与预警、应急处置与救援、事后恢复与重建等方面，同外国政府和有关国际组织开展合作与交流。

第十六条 县级以上人民政府作出应对突发事件的决定、命令，应当报本级人民代表大会常务委员会备案；突发事件应急处置工作结束后，应当向本级人民代表大会常务委员会作出专项工作报告。

第二章 预防与应急准备

第十七条 国家建立健全突发事件应急预案体系。

国务院制定国家突发事件总体应急预案，组织制定国家突发事件专项应急预案；国务院有关部门根据各自的职责和国务院相关应急预案，制定国家突发事件部门应急预案。

地方各级人民政府和县级以上地方各级人民政府有关部门根据有关法律、法规、规章、上级人民政府及其有关部门的应急预案以及本地区的实际情况，制定相应的突发事件应急预案。

应急预案制定机关应当根据实际需要和情势变化，适时修订应急预案。应急预案的制定、修订程序由国务院规定。

第十八条　应急预案应当根据本法和其他有关法律、法规的规定，针对突发事件的性质、特点和可能造成的社会危害，具体规定突发事件应急管理工作的组织指挥体系与职责和突发事件的预防与预警机制、处置程序、应急保障措施以及事后恢复与重建措施等内容。

第十九条　城乡规划应当符合预防、处置突发事件的需要，统筹安排应对突发事件所必需的设备和基础设施建设，合理确定应急避难场所。

第二十条　县级人民政府应当对本行政区域内容易引发自然灾害、事故灾难和公共卫生事件的危险源、危险区域进行调查、登记、风险评估，定期进行检查、监控，并责令有关单位采取安全防范措施。

省级和设区的市级人民政府应当对本行政区域内容易引发特别重大、重大突发事件的危险源、危险区域进行调查、登记、风险评估，组织进行检查、监控，并责令有关单位采取安全防范措施。

县级以上地方各级人民政府按照本法规定登记的危险源、危险区域，应当按照国家规定及时向社会公布。

第二十一条　县级人民政府及其有关部门、乡级人民政府、街道办事处、居民委员会、村民委员会应当及时调解处理可能引发社会安全事件的矛盾纠纷。

第二十二条　所有单位应当建立健全安全管理制度，定期检查本单位各项安全防范措施的落实情况，及时消除事故隐患；掌握并及时处理本单位存在的可能引发社会安全事件的问题，防止矛盾激化和事态扩大；对本单位可能发生的突发事件和采取安全防范措施的情况，应当按照规定及时向所在地人民政府或者人民政府有关部门报告。

第二十三条　矿山、建筑施工单位和易燃易爆物品、危险化学品、放射性物品等危险物品的生产、经营、储运、使用单位，应当制定具体应急预案，并对生产经营场所、有危险物品的建筑物、构筑物及周边环境开展隐患排查，及时采取措施消除隐患，防止发生突发事件。

第二十四条　公共交通工具、公共场所和其他人员密集场所的经营单位或者管理单位应当制定具体应急预案，为交通工具和有关场所配备报警装置和必要的应急救援设备、设施，注明其使用方法，并显著标明安全撤离的通道、路线，保证安全通道、出口的畅通。

有关单位应当定期检测、维护其报警装置和应急救援设备、设施，使其处于良好状态，确保正常使用。

第二十五条　县级以上人民政府应当建立健全突发事件应急管理培训制度，对人民政府及其有关部门负有处置突发事件职责的工作人员定期进行培训。

第二十六条　县级以上人民政府应当整合应急资源，建立或者确定综合性应急救援队伍。人民政府有关部门可以根据实际需要设立专业应急救援队伍。

县级以上人民政府及其有关部门可以建立由成年志愿者组成的应急救援队伍。单位应当建立由本单位职工组成的专职或者兼职应急救援队伍。

县级以上人民政府应当加强专业应急救援队伍与非专业应急救援队伍的合作，联合培训、联合演练，提高合成应急、协同应急的能力。

第二十七条　国务院有关部门、县级以上地方各级人民政府及其有关部门、有关单位应当为专业应急救援人员购买人身意外伤害保险，配备必要的防护装备和器材，减少应急救援人员的人身风险。

第二十八条　中国人民解放军、中国人民武装警察部队和民兵组织应当有计划地组织开展应急救援的专门训练。

第二十九条　县级人民政府及其有关部门、乡级人民政府、街道办事处应当组织开展应急知识的宣传普及活动和必要的应急演练。

居民委员会、村民委员会、企业事业单位应当根据所在地人民政府的要求，结合各自的实际情况，开展有关突发事件应急知识的宣传普及活动和必要的应急演练。

新闻媒体应当无偿开展突发事件预防与应急、自救与互救知识的公益宣传。

第三十条　各级各类学校应当把应急知识教育纳入教学内容，对学生进行应急知识教育，培养学生的安全意识和自救与互救能力。

教育主管部门应当对学校开展应急知识教育进行指导和监督。

第三十一条　国务院和县级以上地方各级人民政府应当采取财政措施，保障突发事件应对工作所需经费。

第三十二条　国家建立健全应急物资储备保障制度，完善重要应急物资的监管、生产、储备、调拨和紧急配送体系。

设区的市级以上人民政府和突发事件易发、多发地区的县级人民政府应当建立应急救援物资、生活必需品和应急处置装备的储备制度。

县级以上地方各级人民政府应当根据本地区的实际情况，与有关企业签订协议，保障应急救援物资、生活必需品和应急处置装备的生产、供给。

第三十三条　国家建立健全应急通信保障体系，完善公用通信网，建立有线与无线相结合、基础电信网络与机动通信系统相配套的应急通信系统，确保突发事件应对工作的通信畅通。

第三十四条　国家鼓励公民、法人和其他组织为人民政府应对突发事件工作提供物资、资金、技术支持和捐赠。

第三十五条　国家发展保险事业，建立国家财政支持的巨灾风险保险体系，并鼓励单位和公民参加保险。

第三十六条　国家鼓励、扶持具备相应条件的教学科研机构培养应急管理专门人才，鼓励、扶持教学科研机构和有关企业研究开发用于突发事件预防、监测、预警、应急处置与救援的新技术、新设备和新工具。

第三章　监测与预警

第三十七条　国务院建立全国统一的突发事件信息系统。

县级以上地方各级人民政府应当建立或者确定本地区统一的突发事件信息系统，汇集、储存、分析、传输有关突发事件的信息，并与上级人民政府及其有关部门、下级人民政府及其有关部门、专业机构和监测网点的突发事件信息系统实现互联互通，加强跨部门、跨地区的信息交流与情报合作。

第三十八条　县级以上人民政府及其有关部门、专业机构应当通过多种途径收集突发事件信息。

县级人民政府应当在居民委员会、村民委员会和有关单位建立专职或者兼职信息报告员制度。

获悉突发事件信息的公民、法人或者其他组织，应当立即向所在地人民政府、有关主管部门或者指定的专业机构报告。

第三十九条　地方各级人民政府应当按照国家有关规定向上级人民政府报送突发事件信息。县级以上人民政府有关主管部门应当向本级人民政府相关部门通报突发事件信息。专业机构、监测网点和信息报告员应当及时向所在地人民政府及其有关主管部门报告突发事件信息。

有关单位和人员报送、报告突发事件信息，应当做到及时、客观、真实，不得迟报、谎报、瞒报、漏报。

第四十条　县级以上地方各级人民政府应当及时汇总分析突发事件隐患和预警信息，必要时组织相关部门、专业技术人员、专家学者进行会商，对发生突发事件的可能性及其可能造成的影响进行评估；认为可能发生重大或者特别重大突发事件的，应当立即向上级人民政府报告，并向上级人民政府有关部门、当地驻军和可能受到危害的毗邻或者相关地区的人民政府通报。

第四十一条　国家建立健全突发事件监测制度。

县级以上人民政府及其有关部门应当根据自然灾害、事故灾难和公共卫生事件的种类和特点，建立健全基础信息数据库，完善监测网络，划分监测区域，确定监测点，明确监测项目，提供必要的设备、设施，配备专职或者兼职人员，对可能发生的突发事件进行监测。

第四十二条　国家建立健全突发事件预警制度。

可以预警的自然灾害、事故灾难和公共卫生事件的预警级别，按照突发事件发生的紧急程度、发展态势和可能造成的危害程度分为一级、二级、三级和四级，分别用红色、橙色、黄色和蓝色标示，一级为最高级别。

预警级别的划分标准由国务院或者国务院确定的部门制定。

第四十三条　可以预警的自然灾害、事故灾难或者公共卫生事件即将发生或者发生的可能性增大时，县级以上地方各级人民政府应当根据有关法律、行政法规和国务院规定的权限和程序，发布相应级别的警报，决定并宣布有关地区进入预警期，同时向上一级人民政府报告，必要时可以越级上报，并向当地驻军和可能受到危害的毗邻或者相关地区的人民政府通报。

第四十四条 发布三级、四级警报，宣布进入预警期后，县级以上地方各级人民政府应当根据即将发生的突发事件的特点和可能造成的危害，采取下列措施：

（一）启动应急预案；

（二）责令有关部门、专业机构、监测网点和负有特定职责的人员及时收集、报告有关信息，向社会公布反映突发事件信息的渠道，加强对突发事件发生、发展情况的监测、预报和预警工作；

（三）组织有关部门和机构、专业技术人员、有关专家学者，随时对突发事件信息进行分析评估，预测发生突发事件可能性的大小、影响范围和强度以及可能发生的突发事件的级别；

（四）定时向社会发布与公众有关的突发事件预测信息和分析评估结果，并对相关信息的报道工作进行管理；

（五）及时按照有关规定向社会发布可能受到突发事件危害的警告，宣传避免、减轻危害的常识，公布咨询电话。

第四十五条 发布一级、二级警报，宣布进入预警期后，县级以上地方各级人民政府除采取本法第四十四条规定的措施外，还应当针对即将发生的突发事件的特点和可能造成的危害，采取下列一项或者多项措施：

（一）责令应急救援队伍、负有特定职责的人员进入待命状态，并动员后备人员做好参加应急救援和处置工作的准备；

（二）调集应急救援所需物资、设备、工具，准备应急设施和避难场所，并确保其处于良好状态、随时可以投入正常使用；

（三）加强对重点单位、重要部位和重要基础设施的安全保卫，维护社会治安秩序；

（四）采取必要措施，确保交通、通信、供水、排水、供电、供气、供热等公共设施的安全和正常运行；

（五）及时向社会发布有关采取特定措施避免或者减轻危害的建议、劝告；

（六）转移、疏散或者撤离易受突发事件危害的人员并予以妥善安置，转移重要财产；

（七）关闭或者限制使用易受突发事件危害的场所，控制或者限制容易导致危害扩大的公共场所的活动；

（八）法律、法规、规章规定的其他必要的防范性、保护性措施。

第四十六条 对即将发生或者已经发生的社会安全事件，县级以上地方各级人民政府及其有关主管部门应当按照规定向上一级人民政府及其有关主管部门报告，必要时可以越级上报。

第四十七条 发布突发事件警报的人民政府应当根据事态的发展，按照有关规定适时调整预警级别并重新发布。

有事实证明不可能发生突发事件或者危险已经解除的，发布警报的人民政府应当立即宣布解除警报，终止预警期，并解除已经采取的有关措施。

第四章 应急处置与救援

第四十八条 突发事件发生后，履行统一领导职责或者组织处置突发事件的人民政府应当针对其性质、特点和危害程度，立即组织有关部门，调动应急救援队伍和社会力量，依照本章的规定和有关法律、法规、规章的规定采取应急处置措施。

第四十九条　自然灾害、事故灾难或者公共卫生事件发生后，履行统一领导职责的人民政府可以采取下列一项或者多项应急处置措施：

（一）组织营救和救治受害人员，疏散、撤离并妥善安置受到威胁的人员以及采取其他救助措施；

（二）迅速控制危险源，标明危险区域，封锁危险场所，划定警戒区，实行交通管制以及其他控制措施；

（三）立即抢修被损坏的交通、通信、供水、排水、供电、供气、供热等公共设施，向受到危害的人员提供避难场所和生活必需品，实施医疗救护和卫生防疫以及其他保障措施；

（四）禁止或者限制使用有关设备、设施，关闭或者限制使用有关场所，中止人员密集的活动或者可能导致危害扩大的生产经营活动以及采取其他保护措施；

（五）启用本级人民政府设置的财政预备费和储备的应急救援物资，必要时调用其他急需物资、设备、设施、工具；

（六）组织公民参加应急救援和处置工作，要求具有特定专长的人员提供服务；

（七）保障食品、饮用水、燃料等基本生活必需品的供应；

（八）依法从严惩处囤积居奇、哄抬物价、制假售假等扰乱市场秩序的行为，稳定市场价格，维护市场秩序；

（九）依法从严惩处哄抢财物、干扰破坏应急处置工作等扰乱社会秩序的行为，维护社会治安；

（十）采取防止发生次生、衍生事件的必要措施。

第五十条　社会安全事件发生后，组织处置工作的人民政府应当立即组织有关部门并由公安机关针对事件的性质和特点，依照有关法律、行政法规和国家其他有关规定，采取下列一项或者多项应急处置措施：

（一）强制隔离使用器械相互对抗或者以暴力行为参与冲突的当事人，妥善解决现场纠纷和争端，控制事态发展；

（二）对特定区域内的建筑物、交通工具、设备、设施以及燃料、燃气、电力、水的供应进行控制；

（三）封锁有关场所、道路，查验现场人员的身份证件，限制有关公共场所内的活动；

（四）加强对易受冲击的核心机关和单位的警卫，在国家机关、军事机关、国家通讯社、广播电台、电视台、外国驻华使领馆等单位附近设置临时警戒线；

（五）法律、行政法规和国务院规定的其他必要措施。

严重危害社会治安秩序的事件发生时，公安机关应当立即依法出动警力，根据现场情况依法采取相应的强制性措施，尽快使社会秩序恢复正常。

第五十一条　发生突发事件，严重影响国民经济正常运行时，国务院或者国务院授权的有关主管部门可以采取保障、控制等必要的应急措施，保障人民群众的基本生活需要，最大限度地减轻突发事件的影响。

第五十二条　履行统一领导职责或者组织处置突发事件的人民政府，必要时可以向单位和个人征用应急救援所需设备、设施、场地、交通工具和其他物资，请求其他地方人民政府提供人力、物力、财力或者技术支援，要求生产、供应生活必需品和应急救援物资的企业组织生产、保证供给，要求提供医疗、交通等公共服务的组织提供相应的服务。

履行统一领导职责或者组织处置突发事件的人民政府，应当组织协调运输经营单位，优先运送处置突发事件所需物资、设备、工具、应急救援人员和受到突发事件危害的人员。

第五十三条　履行统一领导职责或者组织处置突发事件的人民政府，应当按照有关规定统一、准确、及时发布有关突发事件事态发展和应急处置工作的信息。

第五十四条　任何单位和个人不得编造、传播有关突发事件事态发展或者应急处置工作的虚假信息。

第五十五条　突发事件发生地的居民委员会、村民委员会和其他组织应当按照当地人民政府的决定、命令，进行宣传动员，组织群众开展自救和互救，协助维护社会秩序。

第五十六条　受到自然灾害危害或者发生事故灾难、公共卫生事件的单位，应当立即组织本单位应急救援队伍和工作人员营救受害人员，疏散、撤离、安置受到威胁的人员，控制危险源，标明危险区域，封锁危险场所，并采取其他防止危害扩大的必要措施，同时向所在地县级人民政府报告；对因本单位的问题引发的或者主体是本单位人员的社会安全事件，有关单位应当按照规定上报情况，并迅速派出负责人赶赴现场开展劝解、疏导工作。

突发事件发生地的其他单位应当服从人民政府发布的决定、命令，配合人民政府采取的应急处置措施，做好本单位的应急救援工作，并积极组织人员参加所在地的应急救援和处置工作。

第五十七条　突发事件发生地的公民应当服从人民政府、居民委员会、村民委员会或者所属单位的指挥和安排，配合人民政府采取的应急处置措施，积极参加应急救援工作，协助维护社会秩序。

第五章　事后恢复与重建

第五十八条　突发事件的威胁和危害得到控制或者消除后，履行统一领导职责或者组织处置突发事件的人民政府应当停止执行依照本法规定采取的应急处置措施，同时采取或者继续实施必要措施，防止发生自然灾害、事故灾难、公共卫生事件的次生、衍生事件或者重新引发社会安全事件。

第五十九条　突发事件应急处置工作结束后，履行统一领导职责的人民政府应当立即组织对突发事件造成的损失进行评估，组织受影响地区尽快恢复生产、生活、工作和社会秩序，制定恢复重建计划，并向上一级人民政府报告。

受突发事件影响地区的人民政府应当及时组织和协调公安、交通、铁路、民航、邮电、建设等有关部门恢复社会治安秩序，尽快修复被损坏的交通、通信、供水、排水、供电、供气、供热等公共设施。

第六十条 受突发事件影响地区的人民政府开展恢复重建工作需要上一级人民政府支持的，可以向上一级人民政府提出请求。上一级人民政府应当根据受影响地区遭受的损失和实际情况，提供资金、物资支持和技术指导，组织其他地区提供资金、物资和人力支援。

第六十一条 国务院根据受突发事件影响地区遭受损失的情况，制定扶持该地区有关行业发展的优惠政策。

受突发事件影响地区的人民政府应当根据本地区遭受损失的情况，制定救助、补偿、抚慰、抚恤、安置等善后工作计划并组织实施，妥善解决因处置突发事件引发的矛盾和纠纷。

公民参加应急救援工作或者协助维护社会秩序期间，其在本单位的工资待遇和福利不变；表现突出、成绩显著的，由县级以上人民政府给予表彰或者奖励。

县级以上人民政府对在应急救援工作中伤亡的人员依法给予抚恤。

第六十二条 履行统一领导职责的人民政府应当及时查明突发事件的发生经过和原因，总结突发事件应急处置工作的经验教训，制定改进措施，并向上一级人民政府提出报告。

第六章 法律责任

第六十三条 地方各级人民政府和县级以上各级人民政府有关部门违反本法规定，不履行法定职责的，由其上级行政机关或者监察机关责令改正；有下列情形之一的，根据情节对直接负责的主管人员和其他直接责任人员依法给予处分：

（一）未按规定采取预防措施，导致发生突发事件，或者未采取必要的防范措施，导致发生次生、衍生事件的；

（二）迟报、谎报、瞒报、漏报有关突发事件的信息，或者通报、报送、公布虚假信息，造成后果的；

（三）未按规定及时发布突发事件警报、采取预警期的措施，导致损害发生的；

（四）未按规定及时采取措施处置突发事件或者处置不当，造成后果的；

（五）不服从上级人民政府对突发事件应急处置工作的统一领导、指挥和协调的；

（六）未及时组织开展生产自救、恢复重建等善后工作的；

（七）截留、挪用、私分或者变相私分应急救援资金、物资的；

（八）不及时归还征用的单位和个人的财产，或者对被征用财产的单位和个人不按规定给予补偿的。

第六十四条 有关单位有下列情形之一的，由所在地履行统一领导职责的人民政府责令停产停业，暂扣或者吊销许可证或者营业执照，并处五万元以上二十万元以下的罚款；构成违反治安管理行为的，由公安机关依法给予处罚：

（一）未按规定采取预防措施，导致发生严重突发事件的；

（二）未及时消除已发现的可能引发突发事件的隐患，导致发生严重突发事件的；

（三）未做好应急设备、设施日常维护、检测工作，导致发生严重突发事件或者突发事件危害扩大的；

（四）突发事件发生后，不及时组织开展应急救援工作，造成严重后果的。

前款规定的行为，其他法律、行政法规规定由人民政府有关部门依法决定处罚的，从其规定。

第六十五条 违反本法规定，编造并传播有关突发事件事态发展或者应急处置工作的虚假信息，或者明知是有关突发事件事态发展或者应急处置工作的虚假信息而进行传播的，责令改正，给予警告；造成严重后果的，依法暂停其业务活动或者吊销其执业许可证；负有直接责任的人员是国家工作人员的，还应当对其依法给予处分；构成违反治安管理行为的，由公安机关依法给予处罚。

第六十六条 单位或者个人违反本法规定，不服从所在地人民政府及其有关部门发布的决定、命令或者不配合其依法采取的措施，构成违反治安管理行为的，由公安机关依法给予处罚。

第六十七条 单位或者个人违反本法规定，导致突发事件发生或者危害扩大，给他人人身、财产造成损害的，应当依法承担民事责任。

第六十八条 违反本法规定，构成犯罪的，依法追究刑事责任。

第七章 附 则

第六十九条 发生特别重大突发事件，对人民生命财产安全、国家安全、公共安全、环境安全或者社会秩序构成重大威胁，采取本法和其他有关法律、法规、规章规定的应急处置措施不能消除或者有效控制、减轻其严重社会危害，需要进入紧急状态的，由全国人民代表大会常务委员会或者国务院依照宪法和其他有关法律规定的权限和程序决定。

紧急状态期间采取的非常措施，依照有关法律规定执行或者由全国人民代表大会常务委员会另行规定。

第七十条 本法自 2007 年 11 月 1 日起施行。

附录V 建设工程安全生产管理条例

（2003年11月12日国务院第28次常务会议通过，自2004年2月1日起施行。）

第一章 总 则

第一条 为了加强建设工程安全生产监督管理，保障人民群众生命和财产安全，根据《中华人民共和国建筑法》、《中华人民共和国安全生产法》，制定本条例。

第二条 在中华人民共和国境内从事建设工程的新建、扩建、改建和拆除等有关活动及实施对建设工程安全生产的监督管理，必须遵守本条例。

本条例所称建设工程，是指土木工程、建筑工程、线路管道和设备安装工程及装修工程。

第三条 建设工程安全生产管理，坚持安全第一、预防为主方针。

第四条 建设单位、勘察单位、设计单位、施工单位、工程监理单位及其他与建设工程安全生产有关的单位，必须遵守安全生产法律、法规的规定，保证建设工程安全生产，依法承担建设工程安全生产责任。

第五条 国家鼓励建设工程安全生产的科学技术研究和先进技术的推广应用，推进建设工程安全生产的科学管理。

第二章 建设单位的安全责任

第六条 建设单位应当向施工单位提供施工现场及毗邻区域内供水、排水、供电、供气、供热、通信、广播电视等地下管线资料，气象和水文观测资料，相邻建筑物和构筑物、地下工程的有关资料，并保证资料的真实、准确、完整。

建设单位因建设工程需要，向有关部门或者单位查询前款规定的资料时，有关部门或者单位应当及时提供。

第七条 建设单位不得对勘察、设计、施工、工程监理等单位提出不符合建设工程安全生产法律、法规和强制性标准规定的要求，不得压缩合同约定的工期。

第八条 建设单位在编制工程概算时，应当确定建设工程安全作业环境及安全施工措施所需费用。

第九条 建设单位不得明示或者暗示施工单位购买、租赁、使用不符合安全施工要求的安全防护用具、机械设备、施工机具及配件、消防设施和器材。

第十条 建设单位在申请领取施工许可证时，应当提供建设工程有关安全施工措施的资料。

依法批准开工报告的建设工程，建设单位应当自开工报告批准之日起15日内，将保证安全施工的措施报送建设工程所在地的县级以上地方人民政府建设行政主管部门或者其他有关部门备案。

第十一条 建设单位应当将拆除工程发包给具有相应资质等级的施工单位。

建设单位应当在拆除工程施工15日前，将下列资料报送建设工程所在地的县级以上地方人民政府建设行政主管部门或者其他有关部门备案：

（一）施工单位资质等级证明；

（二）拟拆除建筑物、构筑物及可能危及毗邻建筑的说明；

（三）拆除施工组织方案；

（四）堆放、清除废弃物的措施。

实施爆破作业的，应当遵守国家有关民用爆炸物品管理的规定。

第三章　勘察、设计、工程监理及其他有关单位的安全责任

第十二条　勘察单位应当按照法律、法规和工程建设强制性标准进行勘察，提供的勘察文件应当真实、准确，满足建设工程安全生产的需要。

勘察单位在勘察作业时，应当严格执行操作规程，采取措施保证各类管线、设施和周边建筑物、构筑物的安全。

第十三条　设计单位应当按照法律、法规和工程建设强制性标准进行设计，防止因设计不合理导致生产安全事故的发生。

设计单位应当考虑施工安全操作和防护的需要，对涉及施工安全的重点部位和环节在设计文件中注明，并对防范生产安全事故提出指导意见。

采用新结构、新材料、新工艺的建设工程和特殊结构的建设工程，设计单位应当在设计中提出保障施工作业人员安全和预防生产安全事故的措施建议。

设计单位和注册建筑师等注册执业人员应当对其设计负责。

第十四条　工程监理单位应当审查施工组织设计中的安全技术措施或者专项施工方案是否符合工程建设强制性标准。

工程监理单位在实施监理过程中，发现存在安全事故隐患的，应当要求施工单位整改；情况严重的，应当要求施工单位暂时停止施工，并及时报告建设单位。施工单位拒不整改或者不停止施工的，工程监理单位应当及时向有关主管部门报告。

工程监理单位和监理工程师应当按照法律、法规和工程建设强制性标准实施监理，并对建设工程安全生产承担监理责任。

第十五条　为建设工程提供机械设备和配件的单位，应当按照安全施工的要求配备齐全有效的保险、限位等安全设施和装置。

第十六条　出租的机械设备和施工机具及配件，应当具有生产（制造）许可证、产品合格证。

出租单位应当对出租的机械设备和施工机具及配件的安全性能进行检测，在签订租赁协议时，应当出具检测合格证明。

禁止出租检测不合格的机械设备和施工机具及配件。

第十七条　在施工现场安装、拆卸施工起重机械和整体提升脚手架、模板等自升式架设设施，必须由具有相应资质的单位承担。

安装、拆卸施工起重机械和整体提升脚手架、模板等自升式架设设施，应当编制拆装方案、制定安全施工措施，并由专业技术人员现场监督。

施工起重机械和整体提升脚手架、模板等自升式架设设施安装完毕后，安装单位应当自检，出具自检合格证明，并向施工单位进行安全使用说明，办理验收手续并签字。

第十八条　施工起重机械和整体提升脚手架、模板等自升式架设设施的使用达到国

家规定的检验检测期限的，必须经具有专业资质的检验检测机构检测。经检测不合格的，不得继续使用。

第十九条　检验检测机构对检测合格的施工起重机械和整体提升脚手架、模板等自升式架设设施，应当出具安全合格证明文件，并对检测结果负责。

第四章　施工单位的安全责任

第二十条　施工单位从事建设工程的新建、扩建、改建和拆除等活动，应当具备国家规定的注册资本、专业技术人员、技术装备和安全生产等条件，依法取得相应等级的资质证书，并在其资质等级许可的范围内承揽工程。

第二十一条　施工单位主要负责人依法对本单位的安全生产工作全面负责。施工单位应当建立健全安全生产责任制度和安全生产教育培训制度，制定安全生产规章制度和操作规程，保证本单位安全生产条件所需资金的投入，对所承担的建设工程进行定期和专项安全检查，并做好安全检查记录。

施工单位的项目负责人应当由取得相应执业资格的人员担任，对建设工程项目的安全施工负责，落实安全生产责任制度、安全生产规章制度和操作规程，确保安全生产费用的有效使用，并根据工程的特点组织制定安全施工措施，消除安全事故隐患，及时、如实报告生产安全事故。

第二十二条　施工单位对列入建设工程概算的安全作业环境及安全施工措施所需费用，应当用于施工安全防护用具及设施的采购和更新、安全施工措施的落实、安全生产条件的改善，不得挪作他用。

第二十三条　施工单位应当设立安全生产管理机构，配备专职安全生产管理人员。

专职安全生产管理人员负责对安全生产进行现场监督检查。发现安全事故隐患，应当及时向项目负责人和安全生产管理机构报告；对违章指挥、违章操作的，应当立即制止。

专职安全生产管理人员的配备办法由国务院建设行政主管部门会同国务院其他有关部门制定。

第二十四条　建设工程实行施工总承包的，由总承包单位对施工现场的安全生产负总责。

总承包单位应当自行完成建设工程主体结构的施工。

总承包单位依法将建设工程分包给其他单位的，分包合同中应当明确各自的安全生产方面的权利、义务。总承包单位和分包单位对分包工程的安全生产承担连带责任。

分包单位应当服从总承包单位的安全生产管理，分包单位不服从管理导致生产安全事故的，由分包单位承担主要责任。

第二十五条　垂直运输机械作业人员、安装拆卸工、爆破作业人员、起重信号工、登高架设作业人员等特种作业人员，必须按照国家有关规定经过专门的安全作业培训，并取得特种作业操作资格证书后，方可上岗作业。

第二十六条　施工单位应当在施工组织设计中编制安全技术措施和施工现场临时用电方案，对下列达到一定规模的危险性较大的分部分项工程编制专项施工方案，并附具安全验算结果，经施工单位技术负责人、总监理工程师签字后实施，由专职安全生产管理人员进行现场监督：

（一）基坑支护与降水工程；

（二）土方开挖工程；

（三）模板工程；

（四）起重吊装工程；

（五）脚手架工程；

（六）拆除、爆破工程；

（七）国务院建设行政主管部门或者其他有关部门规定的其他危险性较大的工程。

对前款所列工程中涉及深基坑、地下暗挖工程、高大模板工程的专项施工方案，施工单位还应当组织专家进行论证、审查。

本条第一款规定的达到一定规模的危险性较大工程的标准，由国务院建设行政主管部门会同国务院其他有关部门制定。

第二十七条　建设工程施工前，施工单位负责项目管理的技术人员应当对有关安全施工的技术要求向施工作业班组、作业人员作出详细说明，并由双方签字确认。

第二十八条　施工单位应当在施工现场入口处、施工起重机械、临时用电设施、脚手架、出入通道口、楼梯口、电梯井口、孔洞口、桥梁口、隧道口、基坑边沿、爆破物及有害危险气体和液体存放处等危险部位，设置明显的安全警示标志。安全警示标志必须符合国家标准。

施工单位应当根据不同施工阶段和周围环境及季节、气候的变化，在施工现场采取相应的安全施工措施。施工现场暂时停止施工的，施工单位应当做好现场防护，所需费用由责任方承担，或者按照合同约定执行。

第二十九条　施工单位应当将施工现场的办公、生活区与作业区分开设置，并保持安全距离；办公、生活区的选址应当符合安全性要求。职工的膳食、饮水、休息场所等应当符合卫生标准。施工单位不得在尚未竣工的建筑物内设置员工集体宿舍。

施工现场临时搭建的建筑物应当符合安全使用要求。施工现场使用的装配式活动房屋应当具有产品合格证。

第三十条　施工单位对因建设工程施工可能造成损害的毗邻建筑物、构筑物和地下管线等，应当采取专项防护措施。

施工单位应当遵守有关环境保护法律、法规的规定，在施工现场采取措施，防止或者减少粉尘、废气、废水、固体废物、噪声、振动和施工照明对人和环境的危害和污染。

在城市市区内建设工程，施工单位应当对施工现场实行封闭围挡。

第三十一条　施工单位应当在施工现场建立消防安全责任制度，确定消防安全责任人，制定用火、用电、使用易燃易爆材料等各项消防安全管理制度和操作规程，设置消防通道、消防水源，配备消防设施和灭火器材，并在施工现场入口处设置明显标志。

第三十二条　施工单位应当向作业人员提供安全防护用具和安全防护服装，并书面告知危险岗位的操作规程和违章操作的危害。

作业人员有权对施工现场的作业条件、作业程序和作业方式中存在的安全问题提出批评、检举和控告，有权拒绝违章指挥和强令冒险作业。

在施工中发生危及人身安全的紧急情况时，作业人员有权立即停止作业或者在采取必要的应急措施后撤离危险区域。

第三十三条 作业人员应当遵守安全施工的强制性标准、规章制度和操作规程，正确使用安全防护用具、机械设备等。

第三十四条 施工单位采购、租赁的安全防护用具、机械设备、施工机具及配件，应当具有生产（制造）许可证、产品合格证，并在进入施工现场前进行查验。

施工现场的安全防护用具、机械设备、施工机具及配件必须由专人管理，定期进行检查、维修和保养，建立相应的资料档案，并按照国家有关规定及时报废。

第三十五条 施工单位在使用施工起重机械和整体提升脚手架、模板等自升式架设设施前，应当组织有关单位进行验收，也可以委托具有相应资质的检验检测机构进行验收；使用承租的机械设备和施工机具及配件的，由施工总承包单位、分包单位、出租单位和安装单位共同进行验收。验收合格的方可使用。

《特种设备安全监察条例》规定的施工起重机械，在验收前应当经有相应资质的检验检测机构监督检验合格。

施工单位应当自施工起重机械和整体提升脚手架、模板等自升式架设设施验收合格之日起 30 日内，向建设行政主管部门或者其他有关部门登记。登记标志应当置于或者附着于该设备的显著位置。

第三十六条 施工单位的主要负责人、项目负责人、专职安全生产管理人员应当经建设行政主管部门或者其他有关部门考核合格后方可任职。

施工单位应当对管理人员和作业人员每年至少进行一次安全生产教育培训，其教育培训情况记入个人工作档案。安全生产教育培训考核不合格的人员，不得上岗。

第三十七条 作业人员进入新的岗位或者新的施工现场前，应当接受安全生产教育培训。未经教育培训或者教育培训考核不合格的人员，不得上岗作业。

施工单位在采用新技术、新工艺、新设备、新材料时，应当对作业人员进行相应的安全生产教育培训。

第三十八条 施工单位应当为施工现场从事危险作业的人员办理意外伤害保险。

意外伤害保险费由施工单位支付。实行施工总承包的，由总承包单位支付意外伤害保险费。意外伤害保险期限自建设工程开工之日起至竣工验收合格止。

第五章 监督管理

第三十九条 国务院负责安全生产监督管理的部门依照《中华人民共和国安全生产法》的规定，对全国建设工程安全生产工作实施综合监督管理。

县级以上地方人民政府负责安全生产监督管理的部门依照《中华人民共和国安全生产法》的规定，对本行政区域内建设工程安全生产工作实施综合监督管理。

第四十条 国务院建设行政主管部门对全国的建设工程安全生产实施监督管理。国务院铁路、交通、水利等有关部门按照国务院规定的职责分工，负责有关专业建设工程安全生产的监督管理。

县级以上地方人民政府建设行政主管部门对本行政区域内的建设工程安全生产实施监督管理。县级以上地方人民政府交通、水利等有关部门在各自的职责范围内，负责本行政区域内的专业建设工程安全生产的监督管理。

第四十一条 建设行政主管部门和其他有关部门应当将本条例第十条、第十一条规定的有关资料的主要内容抄送同级负责安全生产监督管理的部门。

第四十二条 建设行政主管部门在审核发放施工许可证时，应当对建设工程是否有安全施工措施进行审查，对没有安全施工措施的，不得颁发施工许可证。

建设行政主管部门或者其他有关部门对建设工程是否有安全施工措施进行审查时，不得收取费用。

第四十三条 县级以上人民政府负有建设工程安全生产监督管理职责的部门在各自的职责范围内履行安全监督检查职责时，有权采取下列措施：

（一）要求被检查单位提供有关建设工程安全生产的文件和资料；

（二）进入被检查单位施工现场进行检查；

（三）纠正施工中违反安全生产要求的行为；

（四）对检查中发现的安全事故隐患，责令立即排除；重大安全事故隐患排除前或者排除过程中无法保证安全的，责令从危险区域内撤出作业人员或者暂时停止施工。

第四十四条 建设行政主管部门或者其他有关部门可以将施工现场的监督检查委托给建设工程安全监督机构具体实施。

第四十五条 国家对严重危及施工安全的工艺、设备、材料实行淘汰制度。具体目录由国务院建设行政主管部门会同国务院其他有关部门制定并公布。

第四十六条 县级以上人民政府建设行政主管部门和其他有关部门应当及时受理对建设工程生产安全事故及安全事故隐患的检举、控告和投诉。

第六章 生产安全事故的应急救援和调查处理

第四十七条 县级以上地方人民政府建设行政主管部门应当根据本级人民政府的要求，制定本行政区域内建设工程特大生产安全事故应急救援预案。

第四十八条 施工单位应当制定本单位生产安全事故应急救援预案，建立应急救援组织或者配备应急救援人员，配备必要的应急救援器材、设备，并定期组织演练。

第四十九条 施工单位应当根据建设工程施工的特点、范围，对施工现场易发生重大事故的部位、环节进行监控，制定施工现场生产安全事故应急救援预案。实行施工总承包的，由总承包单位统一组织编制建设工程生产安全事故应急救援预案，工程总承包单位和分包单位按照应急救援预案，各自建立应急救援组织或者配备应急救援人员，配备救援器材、设备，并定期组织演练。

第五十条 施工单位发生生产安全事故，应当按照国家有关伤亡事故报告和调查处理的规定，及时、如实地向负责安全生产监督管理的部门、建设行政主管部门或者其他有关部门报告；特种设备发生事故的，还应当同时向特种设备安全监督管理部门报告。接到报告的部门应当按照国家有关规定，如实上报。

实行施工总承包的建设工程，由总承包单位负责上报事故。

第五十一条 发生生产安全事故后，施工单位应当采取措施防止事故扩大，保护事故现场。需要移动现场物品时，应当做出标记和书面记录，妥善保管有关证物。

第五十二条 建设工程生产安全事故的调查、对事故责任单位和责任人的处罚与处理，按照有关法律、法规的规定执行。

第七章　法律责任

第五十三条 违反本条例的规定，县级以上人民政府建设行政主管部门或者其他有关行政管理部门的工作人员，有下列行为之一的，给予降级或者撤职的行政处分；构成犯罪的，依照刑法有关规定追究刑事责任：

（一）对不具备安全生产条件的施工单位颁发资质证书的；

（二）对没有安全施工措施的建设工程颁发施工许可证的；

（三）发现违法行为不予查处的；

（四）不依法履行监督管理职责的其他行为。

第五十四条 违反本条例的规定，建设单位未提供建设工程安全生产作业环境及安全施工措施所需费用的，责令限期改正；逾期未改正的，责令该建设工程停止施工。

建设单位未将保证安全施工的措施或者拆除工程的有关资料报送有关部门备案的，责令限期改正，给予警告。

第五十五条 违反本条例的规定，建设单位有下列行为之一的，责令限期改正，处20万元以上50万元以下的罚款；造成重大安全事故，构成犯罪的，对直接责任人员，依照刑法有关规定追究刑事责任；造成损失的，依法承担赔偿责任：

（一）对勘察、设计、施工、工程监理等单位提出不符合安全生产法律、法规和强制性标准规定的要求的；

（二）要求施工单位压缩合同约定的工期的；

（三）将拆除工程发包给不具有相应资质等级的施工单位的。

第五十六条 违反本条例的规定，勘察单位、设计单位有下列行为之一的，责令限期改正，处10万元以上30万元以下的罚款；情节严重的，责令停业整顿，降低资质等级，直至吊销资质证书；造成重大安全事故，构成犯罪的，对直接责任人员，依照刑法有关规定追究刑事责任；造成损失的，依法承担赔偿责任：

（一）未按照法律、法规和工程建设强制性标准进行勘察、设计的；

（二）采用新结构、新材料、新工艺的建设工程和特殊结构的建设工程，设计单位未在设计中提出保障施工作业人员安全和预防生产安全事故的措施建议的。

第五十七条 违反本条例的规定，工程监理单位有下列行为之一的，责令限期改正；逾期未改正的，责令停业整顿，并处10万元以上30万元以下的罚款；情节严重的，降低资质等级，直至吊销资质证书；造成重大安全事故，构成犯罪的，对直接责任人员，依照刑法有关规定追究刑事责任；造成损失的，依法承担赔偿责任：

（一）未对施工组织设计中的安全技术措施或者专项施工方案进行审查的；

（二）发现安全事故隐患未及时要求施工单位整改或者暂时停止施工的；

（三）施工单位拒不整改或者不停止施工，未及时向有关主管部门报告的；

（四）未依照法律、法规和工程建设强制性标准实施监理的。

第五十八条 注册执业人员未执行法律、法规和工程建设强制性标准的，责令停止执业 3 个月以上 1 年以下；情节严重的，吊销执业资格证书，5 年内不予注册；造成重大安全事故的，终身不予注册；构成犯罪的，依照刑法有关规定追究刑事责任。

第五十九条 违反本条例的规定，为建设工程提供机械设备和配件的单位，未按照安全施工的要求配备齐全有效的保险、限位等安全设施和装置的，责令限期改正，处合同价款 1 倍以上 3 倍以下的罚款；造成损失的，依法承担赔偿责任。

第六十条 违反本条例的规定，出租单位出租未经安全性能检测或者经检测不合格的机械设备和施工机具及配件的，责令停业整顿，并处 5 万元以上 10 万元以下的罚款；造成损失的，依法承担赔偿责任。

第六十一条 违反本条例的规定，施工起重机械和整体提升脚手架、模板等自升式架设设施安装、拆卸单位有下列行为之一的，责令限期改正，处 5 万元以上 10 万元以下的罚款；情节严重的，责令停业整顿，降低资质等级，直至吊销资质证书；造成损失的，依法承担赔偿责任：

（一）未编制拆装方案、制定安全施工措施的；

（二）未由专业技术人员现场监督的；

（三）未出具自检合格证明或者出具虚假证明的；

（四）未向施工单位进行安全使用说明，办理移交手续的。

施工起重机械和整体提升脚手架、模板等自升式架设设施安装、拆卸单位有前款规定的第（一）项、第（三）项行为，经有关部门或者单位职工提出后，对事故隐患仍不采取措施，因而发生重大伤亡事故或者造成其他严重后果，构成犯罪的，对直接责任人员，依照刑法有关规定追究刑事责任。

第六十二条 违反本条例的规定，施工单位有下列行为之一的，责令限期改正；逾期未改正的，责令停业整顿，依照《中华人民共和国安全生产法》的有关规定处以罚款；造成重大安全事故，构成犯罪的，对直接责任人员，依照刑法有关规定追究刑事责任：

（一）未设立安全生产管理机构、配备专职安全生产管理人员或者分部分项工程施工时无专职安全生产管理人员现场监督的；

（二）施工单位的主要负责人、项目负责人、专职安全生产管理人员、作业人员或者特种作业人员，未经安全教育培训或者经考核不合格即从事相关工作的；

（三）未在施工现场的危险部位设置明显的安全警示标志，或者未按照国家有关规定在施工现场设置消防通道、消防水源、配备消防设施和灭火器材的；

（四）未向作业人员提供安全防护用具和安全防护服装的；

（五）未按照规定在施工起重机械和整体提升脚手架、模板等自升式架设设施验收合格后登记的；

（六）使用国家明令淘汰、禁止使用的危及施工安全的工艺、设备、材料的。

第六十三条 违反本条例的规定，施工单位挪用列入建设工程概算的安全生产作业环境及安全施工措施所需费用的，责令限期改正，处挪用费用 20% 以上 50% 以下的罚款；造成损失的，依法承担赔偿责任。

第六十四条 违反本条例的规定，施工单位有下列行为之一的，责令限期改正；逾期未改正的，责令停业整顿，并处 5 万元以上 10 万元以下的罚款；造成重大安全事故，构成犯罪的，对直接责任人员，依照刑法有关规定追究刑事责任：

（一）施工前未对有关安全施工的技术要求作出详细说明的；

（二）未根据不同施工阶段和周围环境及季节、气候的变化，在施工现场采取相应的安全施工措施，或者在城市市区内的建设工程的施工现场未实行封闭围挡的；

（三）在尚未竣工的建筑物内设置员工集体宿舍的；

（四）施工现场临时搭建的建筑物不符合安全使用要求的；

（五）未对因建设工程施工可能造成损害的毗邻建筑物、构筑物和地下管线等采取专项防护措施的。

施工单位有前款规定第（四）项、第（五）项行为，造成损失的，依法承担赔偿责任。

第六十五条 违反本条例的规定，施工单位有下列行为之一的，责令限期改正；逾期未改正的，责令停业整顿，并处 10 万元以上 30 万元以下的罚款；情节严重的，降低资质等级，直至吊销资质证书；造成重大安全事故，构成犯罪的，对直接责任人员，依照刑法有关规定追究刑事责任；造成损失的，依法承担赔偿责任：

（一）安全防护用具、机械设备、施工机具及配件在进入施工现场前未经查验或者查验不合格即投入使用的；

（二）使用未经验收或者验收不合格的施工起重机械和整体提升脚手架、模板等自升式架设设施的；

（三）委托不具有相应资质的单位承担施工现场安装、拆卸施工起重机械和整体提升脚手架、模板等自升式架设设施的；

（四）在施工组织设计中未编制安全技术措施、施工现场临时用电方案或者专项施工方案的。

第六十六条 违反本条例的规定，施工单位的主要负责人、项目负责人未履行安全生产管理职责的，责令限期改正；逾期未改正的，责令施工单位停业整顿；造成重大安全事故、重大伤亡事故或者其他严重后果，构成犯罪的，依照刑法有关规定追究刑事责任。

作业人员不服管理、违反规章制度和操作规程冒险作业造成重大伤亡事故或者其他严重后果，构成犯罪的，依照刑法有关规定追究刑事责任。

施工单位的主要负责人、项目负责人有前款违法行为，尚不够刑事处罚的，处 2 万元以上 20 万元以下的罚款或者按照管理权限给予撤职处分；自刑罚执行完毕或者受处分之日起，5 年内不得担任任何施工单位的主要负责人、项目负责人。

第六十七条 施工单位取得资质证书后，降低安全生产条件的，责令限期改正；经整改仍未达到与其资质等级相适应的安全生产条件的，责令停业整顿，降低其资质等级直至吊销资质证书。

第六十八条 本条例规定的行政处罚，由建设行政主管部门或者其他有关部门依照法定职权决定。

违反消防安全管理规定的行为，由公安消防机构依法处罚。

有关法律、行政法规对建设工程安全生产违法行为的行政处罚决定机关另有规定的，从其规定。

第八章　附　　则

第六十九条　抢险救灾和农民自建低层住宅的安全生产管理，不适用本条例。

第七十条　军事建设工程的安全生产管理，按照中央军事委员会的有关规定执行。

第七十一条　本条例自 2004 年 2 月 1 日起施行

附录Ⅵ 生产安全事故应急条例

（2018年12月5日国务院第33次常务会议通过，自2019年4月1日起施行。）

第一章 总 则

第一条 为了规范生产安全事故应急工作，保障人民群众生命和财产安全，根据《中华人民共和国安全生产法》和《中华人民共和国突发事件应对法》，制定本条例。

第二条 本条例适用于生产安全事故应急工作；法律、行政法规另有规定的，适用其规定。

第三条 国务院统一领导全国的生产安全事故应急工作，县级以上地方人民政府统一领导本行政区域内的生产安全事故应急工作。生产安全事故应急工作涉及两个以上行政区域的，由有关行政区域共同的上一级人民政府负责，或者由各有关行政区域的上一级人民政府共同负责。

县级以上人民政府应急管理部门和其他对有关行业、领域的安全生产工作实施监督管理的部门（以下统称负有安全生产监督管理职责的部门）在各自职责范围内，做好有关行业、领域的生产安全事故应急工作。

县级以上人民政府应急管理部门指导、协调本级人民政府其他负有安全生产监督管理职责的部门和下级人民政府的生产安全事故应急工作。

乡、镇人民政府以及街道办事处等地方人民政府派出机关应当协助上级人民政府有关部门依法履行生产安全事故应急工作职责。

第四条 生产经营单位应当加强生产安全事故应急工作，建立、健全生产安全事故应急工作责任制，其主要负责人对本单位的生产安全事故应急工作全面负责。

第二章 应急准备

第五条 县级以上人民政府及其负有安全生产监督管理职责的部门和乡、镇人民政府以及街道办事处等地方人民政府派出机关，应当针对可能发生的生产安全事故的特点和危害，进行风险辨识和评估，制定相应的生产安全事故应急救援预案，并依法向社会公布。

生产经营单位应当针对本单位可能发生的生产安全事故的特点和危害，进行风险辨识和评估，制定相应的生产安全事故应急救援预案，并向本单位从业人员公布。

第六条 生产安全事故应急救援预案应当符合有关法律、法规、规章和标准的规定，具有科学性、针对性和可操作性，明确规定应急组织体系、职责分工以及应急救援程序和措施。

有下列情形之一的，生产安全事故应急救援预案制定单位应当及时修订相关预案：

（一）制定预案所依据的法律、法规、规章、标准发生重大变化；

（二）应急指挥机构及其职责发生调整；

（三）安全生产面临的风险发生重大变化；

（四）重要应急资源发生重大变化；

（五）在预案演练或者应急救援中发现需要修订预案的重大问题；

（六）其他应当修订的情形。

第七条 县级以上人民政府负有安全生产监督管理职责的部门应当将其制定的生产安全事故应急救援预案报送本级人民政府备案；易燃易爆物品、危险化学品等危险物品的生产、经营、储存、运输单位，矿山、金属冶炼、城市轨道交通运营、建筑施工单位，以及宾馆、商场、娱乐场所、旅游景区等人员密集场所经营单位，应当将其制定的生产安全事故应急救援预案按照国家有关规定报送县级以上人民政府负有安全生产监督管理职责的部门备案，并依法向社会公布。

第八条 县级以上地方人民政府以及县级以上人民政府负有安全生产监督管理职责的部门，乡、镇人民政府以及街道办事处等地方人民政府派出机关，应当至少每 2 年组织 1 次生产安全事故应急救援预案演练。

易燃易爆物品、危险化学品等危险物品的生产、经营、储存、运输单位，矿山、金属冶炼、城市轨道交通运营、建筑施工单位，以及宾馆、商场、娱乐场所、旅游景区等人员密集场所经营单位，应当至少每半年组织 1 次生产安全事故应急救援预案演练，并将演练情况报送所在地县级以上地方人民政府负有安全生产监督管理职责的部门。

县级以上地方人民政府负有安全生产监督管理职责的部门应当对本行政区域内前款规定的重点生产经营单位的生产安全事故应急救援预案演练进行抽查；发现演练不符合要求的，应当责令限期改正。

第九条 县级以上人民政府应当加强对生产安全事故应急救援队伍建设的统一规划、组织和指导。

县级以上人民政府负有安全生产监督管理职责的部门根据生产安全事故应急工作的实际需要，在重点行业、领域单独建立或者依托有条件的生产经营单位、社会组织共同建立应急救援队伍。

国家鼓励和支持生产经营单位和其他社会力量建立提供社会化应急救援服务的应急救援队伍。

第十条 易燃易爆物品、危险化学品等危险物品的生产、经营、储存、运输单位，矿山、金属冶炼、城市轨道交通运营、建筑施工单位，以及宾馆、商场、娱乐场所、旅游景区等人员密集场所经营单位，应当建立应急救援队伍；其中，小型企业或者微型企业等规模较小的生产经营单位，可以不建立应急救援队伍，但应当指定兼职的应急救援人员，并且可以与邻近的应急救援队伍签订应急救援协议。

工业园区、开发区等产业聚集区域内的生产经营单位，可以联合建立应急救援队伍。

第十一条 应急救援队伍的应急救援人员应当具备必要的专业知识、技能、身体素质和心理素质。

应急救援队伍建立单位或者兼职应急救援人员所在单位应当按照国家有关规定对应急救援人员进行培训；应急救援人员经培训合格后，方可参加应急救援工作。

应急救援队伍应当配备必要的应急救援装备和物资，并定期组织训练。

第十二条 生产经营单位应当及时将本单位应急救援队伍建立情况按照国家有关规

定报送县级以上人民政府负有安全生产监督管理职责的部门，并依法向社会公布。

县级以上人民政府负有安全生产监督管理职责的部门应当定期将本行业、本领域的应急救援队伍建立情况报送本级人民政府，并依法向社会公布。

第十三条 县级以上地方人民政府应当根据本行政区域内可能发生的生产安全事故的特点和危害，储备必要的应急救援装备和物资，并及时更新和补充。

易燃易爆物品、危险化学品等危险物品的生产、经营、储存、运输单位，矿山、金属冶炼、城市轨道交通运营、建筑施工单位，以及宾馆、商场、娱乐场所、旅游景区等人员密集场所经营单位，应当根据本单位可能发生的生产安全事故的特点和危害，配备必要的灭火、排水、通风以及危险物品稀释、掩埋、收集等应急救援器材、设备和物资，并进行经常性维护、保养，保证正常运转。

第十四条 下列单位应当建立应急值班制度，配备应急值班人员：

（一）县级以上人民政府及其负有安全生产监督管理职责的部门；

（二）危险物品的生产、经营、储存、运输单位以及矿山、金属冶炼、城市轨道交通运营、建筑施工单位；

（三）应急救援队伍。

规模较大、危险性较高的易燃易爆物品、危险化学品等危险物品的生产、经营、储存、运输单位应当成立应急处置技术组，实行 24 小时应急值班。

第十五条 生产经营单位应当对从业人员进行应急教育和培训，保证从业人员具备必要的应急知识，掌握风险防范技能和事故应急措施。

第十六条 国务院负有安全生产监督管理职责的部门应当按照国家有关规定建立生产安全事故应急救援信息系统，并采取有效措施，实现数据互联互通、信息共享。

生产经营单位可以通过生产安全事故应急救援信息系统办理生产安全事故应急救援预案备案手续，报送应急救援预案演练情况和应急救援队伍建设情况；但依法需要保密的除外。

第三章 应急救援

第十七条 发生生产安全事故后，生产经营单位应当立即启动生产安全事故应急救援预案，采取下列一项或者多项应急救援措施，并按照国家有关规定报告事故情况：

（一）迅速控制危险源，组织抢救遇险人员；

（二）根据事故危害程度，组织现场人员撤离或者采取可能的应急措施后撤离；

（三）及时通知可能受到事故影响的单位和人员；

（四）采取必要措施，防止事故危害扩大和次生、衍生灾害发生；

（五）根据需要请求邻近的应急救援队伍参加救援，并向参加救援的应急救援队伍提供相关技术资料、信息和处置方法；

（六）维护事故现场秩序，保护事故现场和相关证据；

（七）法律、法规规定的其他应急救援措施。

第十八条 有关地方人民政府及其部门接到生产安全事故报告后，应当按照国家有关规定上报事故情况，启动相应的生产安全事故应急救援预案，并按照应急救援预案的规定采取下列一项或者多项应急救援措施：

（一）组织抢救遇险人员，救治受伤人员，研判事故发展趋势以及可能造成的危害；

（二）通知可能受到事故影响的单位和人员，隔离事故现场，划定警戒区域，疏散受到威胁的人员，实施交通管制；

（三）采取必要措施，防止事故危害扩大和次生、衍生灾害发生，避免或者减少事故对环境造成的危害；

（四）依法发布调用和征用应急资源的决定；

（五）依法向应急救援队伍下达救援命令；

（六）维护事故现场秩序，组织安抚遇险人员和遇险遇难人员亲属；

（七）依法发布有关事故情况和应急救援工作的信息；

（八）法律、法规规定的其他应急救援措施。

有关地方人民政府不能有效控制生产安全事故的，应当及时向上级人民政府报告。上级人民政府应当及时采取措施，统一指挥应急救援。

第十九条 应急救援队伍接到有关人民政府及其部门的救援命令或者签有应急救援协议的生产经营单位的救援请求后，应当立即参加生产安全事故应急救援。

应急救援队伍根据救援命令参加生产安全事故应急救援所耗费用，由事故责任单位承担；事故责任单位无力承担的，由有关人民政府协调解决。

第二十条 发生生产安全事故后，有关人民政府认为有必要的，可以设立由本级人民政府及其有关部门负责人、应急救援专家、应急救援队伍负责人、事故发生单位负责人等人员组成的应急救援现场指挥部，并指定现场指挥部总指挥。

第二十一条 现场指挥部实行总指挥负责制，按照本级人民政府的授权组织制定并实施生产安全事故现场应急救援方案，协调、指挥有关单位和个人参加现场应急救援。

参加生产安全事故现场应急救援的单位和个人应当服从现场指挥部的统一指挥。

第二十二条 在生产安全事故应急救援过程中，发现可能直接危及应急救援人员生命安全的紧急情况时，现场指挥部或者统一指挥应急救援的人民政府应当立即采取相应措施消除隐患，降低或者化解风险，必要时可以暂时撤离应急救援人员。

第二十三条 生产安全事故发生地人民政府应当为应急救援人员提供必需的后勤保障，并组织通信、交通运输、医疗卫生、气象、水文、地质、电力、供水等单位协助应急救援。

第二十四条 现场指挥部或者统一指挥生产安全事故应急救援的人民政府及其有关部门应当完整、准确地记录应急救援的重要事项，妥善保存相关原始资料和证据。

第二十五条 生产安全事故的威胁和危害得到控制或者消除后，有关人民政府应当决定停止执行依照本条例和有关法律、法规采取的全部或者部分应急救援措施。

第二十六条 有关人民政府及其部门根据生产安全事故应急救援需要依法调用和征用的财产，在使用完毕或者应急救援结束后，应当及时归还。财产被调用、征用或者调用、征用后毁损、灭失的，有关人民政府及其部门应当按照国家有关规定给予补偿。

第二十七条 按照国家有关规定成立的生产安全事故调查组应当对应急救援工作进行评估，并在事故调查报告中作出评估结论。

第二十八条 县级以上地方人民政府应当按照国家有关规定，对在生产安全事故应急救援中伤亡的人员及时给予救治和抚恤；符合烈士评定条件的，按照国家有关规定评定为烈士。

第四章 法律责任

第二十九条 地方各级人民政府和街道办事处等地方人民政府派出机关以及县级以上人民政府有关部门违反本条例规定的，由其上级行政机关责令改正；情节严重的，对直接负责的主管人员和其他直接责任人员依法给予处分。

第三十条 生产经营单位未制定生产安全事故应急救援预案、未定期组织应急救援预案演练、未对从业人员进行应急教育和培训，生产经营单位的主要负责人在本单位发生生产安全事故时不立即组织抢救的，由县级以上人民政府负有安全生产监督管理职责的部门依照《中华人民共和国安全生产法》有关规定追究法律责任。

第三十一条 生产经营单位未对应急救援器材、设备和物资进行经常性维护、保养，导致发生严重生产安全事故或者生产安全事故危害扩大，或者在本单位发生生产安全事故后未立即采取相应的应急救援措施，造成严重后果的，由县级以上人民政府负有安全生产监督管理职责的部门依照《中华人民共和国突发事件应对法》有关规定追究法律责任。

第三十二条 生产经营单位未将生产安全事故应急救援预案报送备案、未建立应急值班制度或者配备应急值班人员的，由县级以上人民政府负有安全生产监督管理职责的部门责令限期改正；逾期未改正的，处 3 万元以上 5 万元以下的罚款，对直接负责的主管人员和其他直接责任人员处 1 万元以上 2 万元以下的罚款。

第三十三条 违反本条例规定，构成违反治安管理行为的，由公安机关依法给予处罚；构成犯罪的，依法追究刑事责任。

第五章 附　　则

第三十四条 储存、使用易燃易爆物品、危险化学品等危险物品的科研机构、学校、医院等单位的安全事故应急工作，参照本条例有关规定执行。

第三十五条 本条例自 2019 年 4 月 1 日起施行。

参考文献

[1] 夏保成，张平. 公共安全管理概论 [M]. 北京：当代中国出版社，2011.

[2] 广东省安全生产监督管理局. 安全生产应急管理实务 [M]. 北京：中国人民大学出版社，2009.

[3] 王炜. 公路工程施工安全生产指南 [M]. 北京：人民交通出版社，2003.

[4] 陈安，等. 现代应急管理理论与方法 [M]. 北京：科学出版社，2009.

[5] 王宏伟. 应急管理理论与实践 [M]. 北京：社会科学文献出版社，2010.

[6] 褚晓潇. 突发公共事件应急管理相关概念的研究综述 [J]. 学习月刊，2010 (4)：111-114.

[7] 闪淳昌. 应急管理：中国特色的运行模式与实践 [M]. 北京：北京师范大学出版社，2011.

[8] 闪淳昌，薛澜. 应急管理概论：理论与实践 [M]. 北京：高等教育出版社，2012.

[9] 计雷，池宏，陈安，等. 突发事件应急管理 [M]. 北京：高等教育出版社，2006.

[10] 宁资利，伍拥军. 突发公共事件应急管理 [M]. 长沙：湖南科技出版社，2007.

[11] 刘铁民. 应急体系建设和应急预案编制 [M]. 北京：企业管理出版社，2004.

[12] 国家安全生产应急救援指挥中心. 电力企业安全生产应急管理 [M]. 北京：煤炭工业出版社，2017.

[13] 国家安全生产应急救援指挥中心. 建筑施工安全生产应急管理 [M]. 北京：煤炭工业出版社，2017.

[14] 高小平. 中国特色应急管理体系建设的成就和发展 [J]. 中国行政管理，2008 (11)：18-24.

[15] 陈群祥. 对我国应急管理体系建设的回顾与思考 [J]. 江东论坛，2008 (4)：65-69.

[16] 宋英华. 突发事件应急管理导论 [M]. 北京：中国经济出版社，2009.

[17] 钟开斌. 回顾与前瞻：中国应急管理体系建设 [J]. 政治学研究，2009 (1)：78-88.

[18] 国家安全生产应急救援指挥中心. 安全生产应急管理 [M]. 北京：煤炭工业出版社，2016.

[19] 中国建筑工程总公司. 施工现场职业健康安全和环境管理应急预案及案例分析 [M]. 北京：中国建筑工业出版社，2006.

[20] 李志宪. 重特大事故应急救援预案编制实用指南 [M]. 北京：煤炭工业出版社，2006.

[21] 罗云. 建设工程应急预案编制与范例 [M]. 北京：中国建筑工业出版社，2006.

[22] 王琳. 浅谈建筑工程施工现场应急救援预案的编制 [J]. 湖北建筑业，2008 (5)：32-35.

[23] 张丽莎，陈宝珍. 突发事件来临，你准备好了吗——学习国家应急预案 [M]. 北京：科学出版社，2009.

[24] 李尧远. 应急预案管理 [M]. 北京：北京大学出版社，2013.

[25] 国家安全生产监督管理总局宣传教育中心. 安全生产应急管理人员培训教材 [M]. 北京：团结出版社，2015.

[26] 国家安全生产监督管理总局宣传教育中心. 生产经营单位主要负责人和安全管理人员安全培训通用教材 [M]. 3版. 北京：中国矿业大学出版社，2017.

[27] 湖北省人民政府应急管理办公室. 湖北公众防灾应急手册 [M]. 武汉：湖北长江出版集团，湖北人民出版社，2009.

[28] 张光武. 现场急救及护理知识 [M]. 北京：金盾出版社，2009.

[29] 杨格森. 急救手册 [M]. 哈尔滨：黑龙江科学技术出版社，2008.

[30] 福建省急救中心，等. 现场救护 [M]. 福州：福建科学技术出版社，2008.